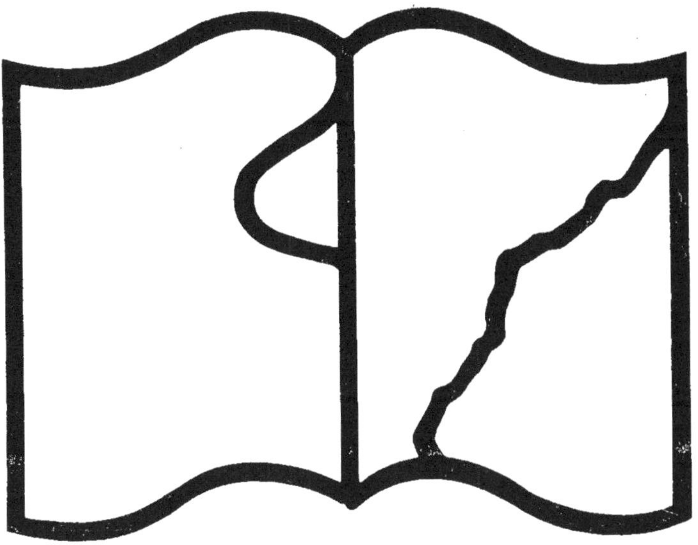

Texte détérioré — reliure défectueuse

NF Z 43-120-11

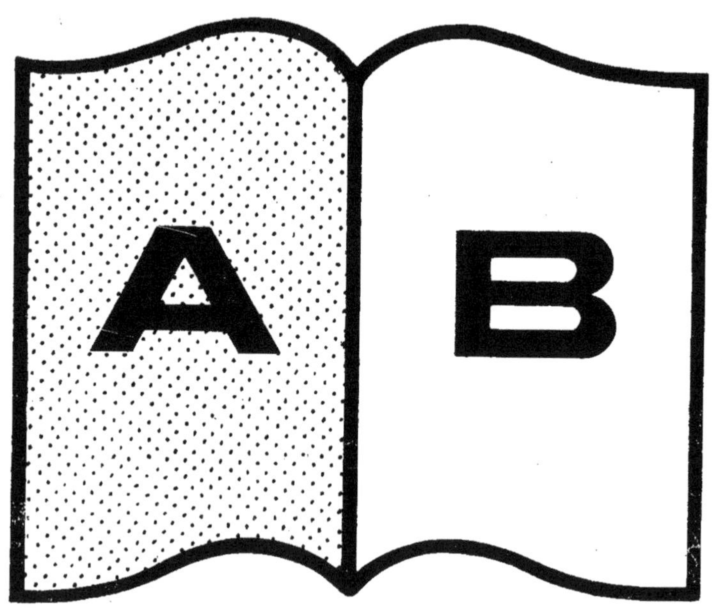

Contraste insuffisant

NF Z 43-120-14

FABRICATION DE LA SOUDE

Par P. HIPPERT

INGÉNIEUR DES ARTS ET MANUFACTURES

FABRICATION DE LA SOUDE

Par P. HIPPERT

INGÉNIEUR DES ARTS ET MANUFACTURES

FABRICATION DE LA SOUDE

Par P. HIPPERT

INGÉNIEUR DES ARTS ET MANUFACTURE

Une des industries les plus florissantes de notre région de l'Est est celle de la fabrication de la soude. Des usines importantes, se développant sans cesse, sont installées dans le voisinage de Nancy et fabriquent actuellement environ 125,000 tonnes de soude par an. Les procédés de fabrication, employés dans les différentes usines, peuvent varier dans la combinaison des appareils et dans leur construction ; mais le procédé type est celui dit à l'ammoniaque, ou procédé Solvay, qui remplace l'ancien procédé Leblanc encore en usage dans quelques usines.

Il nous semble intéressant de donner à nos lecteurs une idée assez exacte de cette fabrication. Afin de ne pas dévoiler les systèmes employés actuellement dans des usines, dont les unes travaillent avec des appareils continus, les autres avec des appareils non continus et différant notablement des premiers dans la construction, nous suivrons le travail d'un professeur allemand, H.-P. Fassbender, dont les indications sont assez précises et assez claires pour faire connaître, d'une façon assez exacte, l'ensemble des opérations, la disposition des appareils, leur fonctionnement, les machines à vapeur, ainsi que l'utilisation de la vapeur, soit directe, soit provenant de l'échappement des machines, ainsi que la comparaison des deux systèmes.

I. Description du procédé.

La préparation de la soude par le procédé à l'ammoniaque fut élevée, comme on le sait, par M. E. Solvay, au rang d'une grande industrie. Le procédé repose dans les transformations que nous indiquons ci-après :

Dans une solution d'eau salée contenant de l'ammoniaque libre, on introduit les gaz d'un four à chaux. L'ammoniaque absorbé dans l'eau salée se combine avec l'acide carbonique des gaz du four à chaux et forme du carbonate d'ammoniaque, qui, par un excédent de gaz CO^2, se transforme en bicarbonate d'ammoniaque, lequel, avec le chlorure de sodium NaCl, se transforme en bicarbonate de soude insoluble et en chlorhydrate d'ammoniaque ; ce dernier reste en dissolution dans les eaux-mères.

Par la séparation des eaux-mères et du précipité de bicarbonate de soude, et après calcination de ce dernier, on obtient le carbonate de soude ou *soude* proprement dite.

Par la distillation des eaux-mères, et en utilisant la chaux provenant des fours à chaux, on régénère l'ammoniaque gazeux. Ce gaz ressert à la préparation de la solution d'eau salée ammoniacale qui sera traitée à nouveau par les gaz des fours à chaux et ainsi de suite.

Pour arriver à réaliser les transformations indiquées, différents moyens peuvent être employés : par exemple, pour obtenir la solution d'eau salée ammoniacale, on pourra diriger, dans des eaux presque saturées, un courant d'ammoniaque gazeux, le plus sec possible, et traiter ce mélange directement par les gaz CO^2 des fours à chaux ; ou bien diriger le courant d'ammoniaque gazeux humide dans la solution, laisser ensuite couler sur du sel gemme les eaux salées, mais faibles en sel, avant de les précipiter ; ou bien refroidir les gaz ammoniacaux très humides et diriger le produit condensé, liquide ammoniacal plus ou moins riche, dans un vase rempli de sel, etc., etc.

Pour la préparation de l'ammoniaque gazeux, on peut se servir, dans l'appareil à distiller, de la vapeur directe, ou utiliser la vapeur d'échappement des machines ; dans les deux cas on peut, dans tous les appareils de distillation, avoir une pression supérieure à la pression atmosphérique, ou, dans quelques-uns, obtenir une pression inférieure à cette dernière. De semblables différences pourraient être également indiquées dans le procédé de précipitation, de la séparation du bicarbonate des eaux-mères et de la calcination.

Suivant certaines conditions de construction et de fabrication, les méthodes de travail présentent certains avantages, les unes par rapport aux autres; certaines installations peuvent donner partout des résultats défavorables.

Au point de vue quantitatif, si l'on suit le cercle complet de l'AzH^3, comme cela a été constaté par les analyses nombreuses faites aux différents moments de la marche, on obtiendra sûrement le résultat suivant en se servant des appareils que nous avons choisis.

Des appareils spéciaux, nommés *absorbeurs*, réunissent dans un même récipient les eaux salées et l'ammoniaque provenant de la distillation.

Les eaux salées reçoivent dans les absorbeurs une quantité de 70 kilogr. d'AzH^3 titré par m^3. Ce liquide arrive dans l'avant-dernier compartiment de la colonne à précipitation pendant que, dans le compartiment supérieur, on envoie par m^3 de liquide ammoniacal environ 1/6 m^3 de l'eau salée pure qui sert à laver les gaz de la colonne avant leur sortie de l'appareil. Ce n'est que dans le 3ᵉ compartiment qu'a lieu le mélange du contenu des deux autres, et, à partir de ce moment, toute l'opération se suit comme si l'on avait de l'eau salée titrant 6 p. 100 d'AzH^3 dont peu d'AzH^3 a été enlevé avec les gaz sortants. Comme point de départ, et pour toutes les indications de pourcentage, nous prenons donc, dans tout ce qui suit, une solution d'eau salée titrant 6 p. 100 d'AzH^3 avec environ 270 kilogr. de sel par m^3, 0,5 de sulfate d'AzH^3 provenant de la teneur en gypse (sulfate de chaux) dans le sel gemme [1].

Après le filtrage de cette solution, on retrouve l'ammoniaque comme suit :

1) Environ 0,9 p. 100 d'AzH^3 combiné avec CO^2 donne les eaux-mères [2]. L'analyse en fut faite après la filtration des eaux-mères et renfermait en même temps un peu de bicarbonate de soude dissous titré comme AzH^3.

---

1. Dans le schéma, nous passons immédiatement à la solution titrant 6 p. 100 d'AzH^3. La préparation de cette solution suivant teneur en sel et AzH^3 pour une production journalière de 10 tonnes fera l'objet d'un autre calcul. Toutes les indications en p. 100 s'entendent comme p. 100 en volume.

2. Comme toutes les indications de p. 100 se rapportent à la solution d'eau salée à 6 p. 100 d'AzH^3, notre point de départ, il fallait convertir les résultats des analyses des eaux-mères suivant les quantités d'eaux-mères employées. Par exemple, ici, le p. 100 en AzH^3 obtenu par l'analyse, multiplié par la masse d'eaux-mères utilisées par jour, et divisé par la totalité journalière de la solution salée et contenant 6 p. 100 de AzH^3 donne le nombre de 0,9 p. 100.

2) Environ 4,6 p. 100 d'AzH^3 sous forme de chlorhydrate d'AzH^3 dans les eaux-mères ; la détermination a eu lieu, par l'analyse des eaux-mères filtrées, dans l'appareil à déterminer l'AzH^3, défalcation faite de sulfate d'AzH^3 qui, invariable, suit le cercle complet de la marche dans les opérations.

3) Environ 0,5 p. 100 d'AzH^3 se trouvent dans les gaz sortant de la colonne, ce qui résulte de la soustraction des articles 1 + 2 de 6 p. 100.

L'AzH^3 indiqué n° 1 reste dans les eaux-mères et va avec elles à la distillation ; la partie adhérente au bicarbonate humide est si minime qu'on peut la passer sous silence.

L'AzH^3 indiqué n° 2 comme chlorhydrate d'ammoniaque (environ 4,6 p. 100) va, pour la plus grande partie, dans la distillation ; une petite partie reste avec le bicarbonate humide et a pour effet, avec le NaCl non décomposé, que la soude calcinée ne contient que 97° à 99° au lieu de 100° (correspondant de 0,046 à 0,138 p. 100 d'AzH^3). Pour cela, nous prenons 0,8 p. 100 AzH^3 qui se retrouvera dans les gaz sortant des fours à calciner. Il est absorbé par l'eau qui sert à la préparation d'eaux salées.

L'AzH^3 indiqué n° 3 est dirigé avec les gaz sortant de la colonne dans un appareil laveur. Environ 0,3 p. 100 d'AzH^3 sont absorbés par l'eau salée qui, immédiatement, arrive dans l'absorbeur pour la précipitation ; les 0,2 p. 100 non absorbés vont avec les gaz dans un second laveur dont l'eau enlève environ 0,17 p. 100 qui sert à la préparation de l'eau salée et qui, ensemble, avec l'AzH^3 des fours à calciner, effectuent la séparation du sulfate de chaux, restent dans l'eau salée et dans la nouvelle solution sous forme de carbonate.

Le reste, environ 0,3 p. 100, est retenu dans une caisse à acide.

Ces indications sont consignées dans le schéma ci-contre ; pour la simplification, on n'a pas tenu compte, dans les différentes phases, de la perte d'AzH^3. Il n'y a donc à considérer aucune addition d'AzH^3 dans la distillation pour égaliser les pertes dans la fabrication.

Schéma explicatif des teneurs en gaz ammoniaque suivant les différentes phases de la fabrication de la soude.

Phase						
3e Compartiment de la colonne de précipitation.	Comme sulfate dans la solution ammoniacale 0.05 p. 100 AzH^3.	Dans la solution ammoniacale, libre ou comme carbonate 6 p. 100 AzH^3.				
		Même état 5,5 p. 100 AzH^3.		Dans les gaz de sortie de la colonne comme carbonate 0.5 p. 100 AzH^3.		
	Dans les eaux-mères, comme sulfate 0,05 p. 100 AzH^3.	Dans les eaux-mères, comme carbonate 0.9 p. 100 AzH^3.	Dans les eaux-mères, comme chlorhydrate 4,6 p. 100 AzH^3.	Dans la solution salée provenant de lavage comme carbonate 0.3 p. 100 AzH^3.	Dans l'eau de lavage, comme carbonate 0.17 p. 100 AzH^3.	Dans le réservoir à acide, comme carbonate 0.03 p. 100 AzH^3.
Filtration.	Dans les eaux-mères, comme sulfate 0,05 p. 100 AzH^3.	Dans les eaux-mères, comme carbonate 0.9 p. 100 AzH^3.	Dans les eaux-mères, comme chlorhydrate 4.52 p. 100 AzH^3.	Avec le bicarbonate, comme chlorhydrate 0.08 p. 100 AzH^3.		
Calcination.			Dans l'eau de lavage, comme carbonate 0.08 p. 100 AzH^3.			
Préparation de la solution.	Dans les eaux-mères, comme sulfate, carbonate et chlorhydrate 5.5 p. 100 AzH^3.				Dans l'eau servant à la solution de l'eau salée, 0.25 p. 100 AzH^3.	
Distillation.	Comme gaz libre ou comme carbonate 5 5 p. 100 AzH^3.				Dans la solution, comme sulfate 0.05 p. 100 AzH^3.	Dans la solution, comme carbonate 0.2 p. 100 AzH^3.
3e compartiment de la colonne de précipitation.	Comme sulfate dans la solution ammoniacale 0.05 p. 100 AzH^3.		Dans la solution ammoniacale, libre ou comme carbonate 6 p. 100 AzH^3.			

Il est également supposé dans le schéma ci-contre que toutes les opérations où l'AzH^3 entre sous une forme de combinaison quelconque, se terminent simultanément, ce qui n'a pas lieu, bien entendu, dans la réalité.

Par exemple la quantité d'AzH^3 qui, après la calcination, ressert pour la préparation de la solution d'eau salée, met plus de temps pour terminer le cercle de son évolution chimique que celle qui, avec les gaz sortant de la colonne, est transportée dans le premier appareil à laver et de là arrive directement dans l'absorbeur à AzH^3 avec la solution. Pour tenir compte de ces différences, il aurait fallu compliquer le schéma, dont la lecture aurait été moins simple et moins claire.

Avant de procéder au calcul des masses d'eaux-mères nécessaires pour une production de vente journalière de 10 tonnes, nous faisons encore les suppositions suivantes :

1° La perte dans la fabrication de la soude s'élève dans l'opération de la filtration, par poussière, etc., à 10 p. 100 du chiffre de vente ;

2° En dirigeant de AzH^3 sec dans une solution d'eau salée jusqu'à ce qu'elle titre 7 p. 100 d'AzH^3, le volume primitif de la solution augmente de 9 p. 100 ;

3° Si l'on mélange la solution ammoniacale avec une solution d'eau salée fraîche, ou bien les eaux-mères avec de l'eau, le volume des mélanges est égal à la somme des volumes des solutions non mélangées ;

4° Dans le travail avec les appareils décrits ci-après, les gaz de la distillation augmentent, par condensation, le volume de l'absorbeur d'AzH^3 d'environ 4 m^3 par jour (pour une production de vente de 10 tonnes) ;

5° Le bicarbonate humide entraîne journellement 5 m^3 d'eau dans les appareils à calciner (pour 10 tonnes) ;

6° Pour la filtration, il faudra par jour 9 m^3 d'eau (pour 10 tonnes de soude livrable) ;

7° Après sa préparation, la solution fraîche et purifiée contient par m^3 307 kilogr. de sel, 850 litres d'HO, 2,3 carbonate d'AzH^3 et 0.57 de sulfate d'AzH^3 ;

8° Après l'addition de l'eau de lavage dans la filtration, 1 m^3 d'eaux-mères contient 850 litres d'eau.

Pour la fabrication de 10 tonnes de marchandise prête pour la vente, il faudra donc 11 tonnes de soude sous forme de bicarbonate dans la précipitation, c'est-à-dire, il faudra que $\frac{11.000}{53} \times 17 =$ 3.528,3 kilogr. d'AzH^3 se changent en chlorhydrate d'AzH^3.

Comme dans 1 m³ de solution d'eau salée titrant 6 p. 100 AzH^3, 4,6 p. 100 se changent en chlorhydrate d'AzH^3, les 3.528,3 kilogr. correspondent à une masse d'eaux-mères de $\frac{3.528,3}{46} = 76,7$ m³ de solution de 6 p. 100 de teneur $AzH^3 = 60 \times 76,7 = 4.602$ kilogr. d'AzH^3 qu'on peut titrer. Cette solution contenant 6 p. 100 est obtenue par le mélange de la solution contenant 7 p. 100 avec environ 11,3 m³ de solution fraîche ; cette dernière contient par m³ déjà 2,3 kilogr. d'AzH^3, comme carbonate $= 11,3 \times 2,3 = 26$ kilogr. AzH^3.

Donc la solution de 7 p. 100 doit contenir en AzH^3 4.576 kilogr., ce qui correspond à $\frac{4.576}{70} =$ . . . . 65,4 m³
de solution 7 p. 100, avec la solution fraîche de . . . . . . 11,3 m³
donne la somme de . . . . 76,7 m³
de solution 6 p. 100.

Les 65,4 m³ de solution 7 p. 100 sont formés par :

1° 56,3 m³ de solution fraîche contenant 56,3 × 307 = 17.284,1 kilogr. de sel.
2° 5,1 m³ augmentation de volume de 9 p. 100.
3° 4 p. 100 eau condensée par les gaz de la distillation.

Total 65,4 m³ à $\frac{17.284,1}{65,4} = 264,2$ kilogr. de sel.
4° 11,3 id. à ajouter de solution fraîche avec 307 × 11,3 = 3.469,1 kilogr. de sel.

Total 76,7 m³ de 6 p. 100 de solution avec une teneur totale de sel de . . . . 20.753,2 kilogr.

1 m³ de solution 6 p. 100 contient $\frac{20.753,2}{76,7} = 270,6$ kilogr. de sel.

Pour 10 tonnes de soude, il faut 20.753,2 kilogr. 100 p. 100 de sel ou avec 99 p. 100 sel gemme 20.960, ou chiffre rond 21,000 kilogr. de sel gemme 99 p. 100.

Par jour il faut de solution fraîche :

1° Pour la solution 7 p. 100 de l'absorbeur à ammoniaque . . . . 56 m³ 3
2° Pour ajouter dans les colonnes de précipitation. . . 11 m³ 3

Somme de dissolution fraîche en m³ . . . . 67 m³ 6

Ces 67,6 m^3 contiennent : 890 × 67,6 =	60,164	litres d'eau.
A ajouter la condensation	4.000	—
Eau de lavage de la filtration	9,000	—
Total.	73,164	—
A diminuer pour le bicarbonate humide. .	5,000	—
Reste dans les eaux-mères	68,164	litres d'eau.

Dans 1 m^3 d'eaux-mères se trouvent 850 litres d'eau, les 68,164 litres d'eau correspondent donc à $\frac{68,164}{850} = 80,2$ m^3 d'eaux-mères.

La teneur en AzH^3 de ces eaux-mères est la suivante :

Sulfate d'AzH^3 (0,05 + 0,03) × 76,7 × 10 =	61,36 kilogr.
Bicarbonate d'AzH^3 0,9 × 76,7 × 10 =	690,3 kilogr.
Chlorhydrate d'AzH^3 4,52 × 76,7 × 10 =	3.466,84 kilogr.
	4.218,50 kilogr.

Les appareils de distillation doivent journellement distiller cette quantité d'AzH^3 de 81 m^3 ou par heure $\frac{4.218}{24} = 175,77$ kilogr. d'AzH^3.

Pour déterminer la masse de chaux nécessaire, il y a à remarquer que la presque totalité du bicarbonate d'AzH^3 est chassée dans la colonne de distillation ; nous admettons que 4/5 sont évaporés par la chaleur et que 1/5 arrive comme non carbonaté dans la chaudière de la distillation (colonne agitée). Ensuite il intervient seulement dans le calcul de la détermination de la chaux comme perte dans la marche de l'AzH^3 le petit reste d'AzH^3 demeuré dans les eaux-mères de la distillation (environ 25 kilogr.) et finalement pour que jamais aucune combinaison d'AzH^3 ne reste indécomposé dans les eaux-mères, il faut un fort excès de chaux (environ 25 p. 100). Donc, pour la détermination de la chaux, nous avons à faire intervenir les quantités suivantes d'AzH^3 :

Sulfate d'AzH^3	61,36 kilogr.
Carbonate d'AzH^3 (1/5 × 690)	138,06 kilogr.
Chlorhydrate d'AzH^3.	3.466,84 kilogr.
Perte dans la distillation en chiffres ronds . .	25,74 kilogr.
Total.	3.692, » kilogr.

Ces 3.692 kilogr. d'AzH^3 exigent $\frac{3.692}{17} \times 28 = 6.081$ kilogr. de chaux vive 100 p. 100. Avec l'augmentation de 25 p. 100, il faudra 7.600 kilogr. qui correspondent à $\frac{7.600 \times 50}{28} \times \frac{100}{94} = 14.438$ kilogr. de chaux 94 p. 100, et tenant compte des incuits et résidus, il faudra 15.000 kilogr. de chaux 94 p. 100.

Ces 7.600 kilogr. de chaux vive 100 p. 100 donnent un lait de chaux de 30 m³; ainsi étendu, ce lait, préparé avec une chaux qui foisonne bien, coule encore facilement dans les appareils.

Ce lait de chaux porté à un certain degré de température, par suite de l'extinction de la chaux, verra cette température augmentée presque jusqu'à l'ébullition par la vapeur d'échappement du monte-charge et la vapeur directe d'un tuyau de chauffage. Il est employé à environ 90°. Comme l'eau condensée de la vapeur employée étend le lait, il faut compter sur un volume journalier employé de 33 m³, soit 1.375 litres à l'heure.

II. Description des appareils de distillation.

Les appareils servant à la distillation des eaux-mères et à la préparation de la solution d'eau salée ammoniacale comprennent :

1° Quatre ou cinq chaudières de distillation A (fig. 1 et 2). Élévation et plan ;

2° L'appareil de changement B ;

3° La colonne de distillation C ;

4° Le refroidisseur ou sécheur D ;

5° L'absorbeur d'AzH^3 E ;

6° La pompe à vide F ;

7° Le bassin d'eaux-mères G.

1° Chaudières de distillation.

Les chaudières de distillation, à fond conique, servent pour la distillation des eaux-mères avec le lait de chaux.

La figure 3 représente cette chaudière montée avec sa tuyauterie. Chacune des 4 ou 5 chaudières possède deux tuyaux de raccordement avec l'appareil de changement B ;

Un tuyau *n* pour l'entrée du gaz ;

Un tuyau *o* pour la sortie du gaz.

La sortie du gaz *o* a son issue dans le dôme supérieur de la chaudière ; le tuyau d'entrée du gaz descend verticalement jusqu'à environ 100 millimètres du sommet du cône inférieur. A environ 500 millimètres du bout du tuyau d'entrée se trouve un crible (tôle perforée) d'environ 1^m,500 de diamètre. Avant l'entrée dans la chaudière, se raccorde sur le tuyau *n* un tuyau *p* qui débouche dans le tuyau de vidange *r* des eaux-mères distillées. Ce tuyau *p* peut être fermé par la vanne à soupape *x*. Le robinet *r* du tuyau de vidange est fixé seulement derrière la communication avec le tuyau *p*. Ce tuyau de vidange peut être presque aussi bas que celui de l'entrée de la vapeur, et pendant la distillation, la vanne *x* étant ouverte, la vapeur entre par *p* et *r* dans la chaudière et empêche le tuyau de vidange de se boucher. Pour éviter toute perte, soit des eaux-mères, soit de vapeur, par suite du manque d'étanchéité du robinet, ce dernier se trouve encore fermé par une bride pleine. Les eaux-mères, après la distillation, sortent du bâtiment par un tuyau (non indiqué sur la figure) et servent, avant d'être envoyées aux dépôts, à chauffer les eaux destinées à l'alimentation des chaudières à vapeur.

La chaudière de distillation est en outre munie d'une valve S pour l'entrée des eaux-mères. Entre la valve et la chaudière est également appliquée une bride pleine.

Les quatre ou cinq chaudières de distillation formant un système sont alimentées par une conduite principale. Comme dans celles des chaudières où s'opère la distillation, il existe une pression supérieure à celle de la conduite des eaux-mères, il s'ensuivrait que, sans la bride pleine et la non-étanchéité de la valve des eaux-mères, la vapeur entrerait dans la conduite et troublerait l'emplissage régulier de la chaudière précédemment vidée.

En défaisant la vis de serrage, la bride pleine devient libre et peut être déplacée ; au-dessus d'elle, l'eau de condensation ne peut pas s'amasser. Dans la chaudière, en se servant de la bride pleine, existe le vide ; dans la conduite des eaux-mères, en communication avec la colonne de distillation, existe toujours le vide ; donc, par le déplacement de la bride pleine, même avec une valve non étanche, ces eaux-mères ou les gaz ne peuvent s'échapper ; elle garantit donc non seulement une séparation sûre et indispensable, mais permet un travail propre et facile.

L'intérieur de la chaudière de distillation est relié avec celui de la colonne pour établir une même pression, et cela pendant l'emplissage avec les eaux-mères. La conduite de liaison peut être fermée par la valve ; ici également, l'application de la bride pleine est à recommander, quand même elle n'est pas aussi nécessaire que pour les valves *r* et *s*.

Le robinet *u* sert à l'introduction du lait de chaux ; on l'amène dans la chaudière qui doit être remplie par un tuyau en caoutchouc muni d'une spirale ; le même sert pour toutes les chaudières du système ; après l'emplissage, le tuyau est enlevé et la bride supérieure du robinet fermée par une bride à vis de pression. La chaudière est munie en *haut* d'un trou d'homme *v* de 400 millimètres d'ouverture ; en *bas* d'un trou de vidange *w* de 250 millimètres d'ouverture ; de plus, on y applique un manomètre et pratique d'autres ouvertures pour les robinets d'essais, de niveau d'eau, afin de connaître la hauteur des eaux-mères. L'ensemble repose, par l'intermédiaire de 8 sabots, sur un mur, de façon à laisser libre et accessible toute la partie inférieure et conique de la chaudière.

2° *Appareil de changement.*

L'appareil de changement B sert à séparer une des chaudières de distillation de la conduite d'arrivée de vapeur qui effectue la distillation, et à mettre en communication les autres chaudières du système avec la source de vapeur.

La figure 4, représentant un système de quatre chaudières, fait comprendre le travail de cet appareil. Soit par exemple la chaudière A2 vide et en train d'être remplie avec les eaux-mères et le lait de chaux. La vapeur entre par la tubulure *i* dans l'appareil, passe ensuite par N3 d'abord dans la chaudière A3 dont le contenu approche de la fin de la distillation. De A3 la vapeur passe par O3 dans l'appareil et par N4 dans la chaudière A4. De A4 la vapeur par O4 rentre dans l'appareil et par N1 dans la chaudière A1, la dernière rentrée dans le cycle et remplie d'eaux-mères très fortes. De A1 la vapeur chargée d'ammoniaque rentre une dernière fois dans l'appareil de changement qui la rend ensuite à la colonne de distillation.

Si la chaudière A2 se trouve remplie, et si la marche du système est régulière, la chaudière A3 est complètement distillée et vidée.

Par le déplacement de l'appareil de changement, la vapeur entre alors d'abord dans la chaudière A4, passe par A1, A2 et se dirige ensuite à la colonne. La chaudière A3 est séparée et reçoit les eaux-mères et le lait de chaux.

Pour opérer cette distillation systématique, on avait, au commencement, des valves ou robinets. Ceux-ci, d'une part, causaient des pertes de pression, qui, pour l'emploi de vapeur vierge sans importance, se faisaient sentir dans l'emploi de la vapeur d'échappement et du vide; d'autre part, ils ont été reconnus défectueux, car le siège ou le boisseau était vite usé et rayé par les gaz d'ammoniaque contenant de la vapeur; les surfaces en contact se détérioraient, il n'y avait que les surfaces en caoutchouc qui donnaient, pendant peu de temps, une étanchéité parfaite. Pour remédier à ces inconvénients graves et ennuyeux, nous avons construit l'appareil de changement dont ci-après la description. Le principe de sa construction est emprunté à l'appareil de changement bien connu de Clegg, qui a été, et est encore, très répandu dans les usines à gaz.

La description de cette construction s'applique à un système de 4 chaudières; avec certaines différences, il peut naturellement être construit pour un nombre quelconque de chaudières. La figure 5 donne la vue et une coupe de l'appareil. La tubulure *i* faisant partie d'un cylindre de peu de hauteur livre passage à la vapeur d'échappement des machines dans l'appareil de changement.

Le bas du cylindre est fixé sur la bride *h* qui, à la partie extérieure, porte 9 tubulures; l'une d'elles se trouve au milieu et communique, au moyen de tuyaux, avec la colonne de distillation; les huit autres tubulures se trouvent disposées, à égale distance, sur une circonférence, par économie de place; la moitié est munie de coudes. Les tubulures coudées, désignées par *n*, sont reliées à la tuyauterie de l'entrée du gaz dans les chaudières, les tubulures droites *o* communiquent avec la conduite de sortie; les nombres accompagnant ces lettres indiquent la correspondance avec ceux des chaudières.

Le plan indique, en trait noir, le cylindre dans l'intérieur duquel se trouve une rainure concentrique englobant les 9 ouvertures; quatre autres rainures symétriques, par rapport au centre et perpendiculaires, deux à deux, les unes par rapport aux autres, déterminent 9 divisions dont chacune contient une tubulure. La figure 6 donne la coupe en travers; les rainures sont garnies exactement avec des bandes de caoutchouc de 25 millimètres de largeur et 25 millimètres d'épaisseur. A la chaleur, ces bandes, sous l'influence de la pression exercée par la cloche, remplissent exactement les rainures, et, vu la section en queue d'aronde de la rainure, l'ensemble ne bouge pas en levant la cloche. Celle-ci correspond exactement avec la rainure circulaire et les quatre rainures transversales. A cause de la symétrie du système, on peut soulever la cloche et la tourner de 90° et elle retombe exactement dans les rainures. Pour remédier aux défauts possibles dans le travail de l'ajustage et qui pourraient nuire à l'appareil, on n'a donné qu'une épaisseur de 12 millimères aux parois ; la cloche est fixée à une tige dont l'extrémité est à rotule qui lui permet un certain mouvement (voir fig. 7). Cette attache garantit un mouvement identique de la cloche et de la tige et permet à la première de s'asseoir solidement sur le caoutchouc.

Le plan de la cloche (fig. 7) indique les ouvertures des tubulures. Le dessus de la cloche est percé en l correspondant à l'entrée de la vapeur par n^3 dans la chaudière n° 3. De plus, les parois de séparation entre o^3 et n^4, entre o^4 et n^1 et o^1 et la tubulure centrale, sont percées de façon qu'il reste en dessous des ouvertures une largeur de métal qui permet une pression égale sur toutes les bandes de caoutchouc. La coupe A-B montre deux de ces ouvertures dans les parois.

Il ressort de cette disposition, que la vapeur entrant par I dans l'appareil de changement ne trouve d'autres issues que l'ouverture (fig. 7), doit ensuite traverser les chaudières 3, 4, 1, l'une après l'autre, en passant de l'une dans l'autre par les ouvertures des parois. De la chaudière 1 elle passe par l'appareil dans le tuyau central et est amenée à la colonne de distillation.

La chaudière 2 ne reçoit pas le jet de vapeur ; ensuite il est évident que pour une rotation de 90° de la cloche dans le sens de la marche des aiguilles d'une montre, il se trouvera au-dessus de n^4 ; la vapeur traverse les chaudières 4, 1, 2, pour aller à la colonne, tandis que celle n° 3 est séparée.

La plus grande tension de la vapeur existe dans le cylindre à l'extérieur de la cloche ; la vapeur n'a donc nullement la tendance de soulever la cloche, mais au contraire la presse davantage sur la bande en caoutchouc. Les surfaces en contact dont l'étanchéité est obtenue par la pression de la vis, sont soustraites au contact de la vapeur et de l'AzH^3 ; de plus, l'eau condensée s'amasse contre le bas des parois et aide à garantir l'étanchéité.

Pour procéder rapidement et exactement au changement de position de la cloche, on a eu recours à la disposition suivante : comme la figure 5 l'indique, l'axe de la cloche se termine par un pas de vis.

L'écrou fixé à poste invariable comme hauteur, peut tourner au moyen du volant ; ce mouvement fait monter ou descendre la cloche.

La nouvelle position à 90° est assurée par une plaque dentée z (fig. 8) à axe carré, fixée sur l'axe de la cloche par une goupille. Cette plaque dentée correspond exactement avec un cercle r (fig. 9) à quatre entailles correspondant entre elles aux quatre dents ; ce cercle fait partie de l'armature supérieure et est fixé invariablement sur le dessus du cylindre. Soulève-t-on, par la rotation du volant, l'axe, d'où également la cloche et la plaque dentée, on ne pourra opérer la rotation que quand les dents z sont sorties des encoches r ; alors la cloche a quitté également les bandes de contact, la rotation de 90° peut se faire et la cloche redescend. Les dents dans la nouvelle position garantissent la position exacte de la cloche et l'étanchéité des surfaces en contact. Au moyen d'une clef qui s'adapte à l'axe carré de la plaque, la rotation de la cloche se fera facilement.

3° *Colonne de distillation.*

La colonne de distillation C (fig. 10) sert à réchauffer les eaux-mères et à les séparer du bicarbonate d'AzH^3 qui s'y trouve en dissolution ; la chaleur est fournie par un courant de vapeur contenant l'AzH^3 et sortant des chaudières de distillation. Comme une très grande partie de vapeur d'eau lui est enlevée par le réchauffement des eaux-mères, la colonne sert en même temps à augmenter la teneur en AzH^3 de ce courant de gaz. La colonne de distillation a la forme bien connue (fig. 10) qui peut se passer de toute autre explication. Pour enlever le bicarbonate, il y a six compartiments. Le compartiment inférieur porte la tubulure s pour les départs des eaux et la tubulure n pour l'entrée du gaz. Le compartiment supérieur porte les tubercules w, t et t_1. La tubulure t permet d'établir une pression identique entre la colonne et celle des chaudières, qui par s se remplit avec la solution des eaux-mères. La tubulure t_1 établit la même chose entre la colonne et le réservoir des eaux-mères G. De plus, ce compartiment renferme un serpentin p pour réchauffer les eaux-mères. En dessous du serpentin se trouve un certain nombre de boules en grès au-dessus desquelles coule l'eau condensée au contact du serpentin et du refroidisseur, ce qui prive les vapeurs montantes de leur teneur en AzH^3. La tubulure w sert à l'introduction des eaux-mères dans le serpentin.

4° *Refroidisseur ou sécheur.*

Le refroidisseur D forme la continuation de la colonne de distillation. Sa construction s'écarte très peu de celle des refroidisseurs ordinaires. La surface de refroidissement nécessaire est obtenue par

8 faisceaux de tuyaux juxtaposés, au travers desquels les gaz passeront à tour de rôle. Comparée à un refroidisseur à tuyaux ordinaires de même ouverture et nombre de tuyaux, la vitesse du gaz est 8 fois celle du refroidisseur ordinaire.

La marche de l'eau est l'inverse de celle du gaz, sa vitesse devra être également de 8 fois celle d'un refroidisseur ordinaire de mêmes dimensions et de même quantité d'eau à utiliser. La rapidité de la marche de l'eau, unie à sept changements de direction, fait que toutes les parties de l'eau viennent souvent en contact avec la surface à refroidir ; la rapidité des gaz, la position verticale des tuyaux tient les parois propres et libres de l'eau condensée et par les changements de direction multipliés, les gaz se trouvent exempts d'eau condensée et sont bien séchés. Toutes ces circonstances avantagent beaucoup la capacité refroidissante de cet appareil.

La figure 11 représente la coupe en long et le plan d'un refroidisseur. Les tuyaux *a* sont fixés dans les parois *b*, et des rondelles et caoutchouc rendent ces joints étanches. Les parois *c* partagent les tuyaux en 8 faisceaux ; ils ont, à tour de rôle, en haut ou en bas, des ouvertures *e* pour l'écoulement de l'eau refroidissante. Cette eau entre par la tubulure *f*, parcourt chaque faisceau dans toute sa longueur. Les ouvertures *e* fournissent la communication de ces faisceaux, et l'eau sort enfin par la tubulure *g* ; *h* et *h'* sont des robinets d'air.

Les vapeurs entrent dans la colonne par le canal *i* du réservoir inférieur dans le premier faisceau et le quittent par le tuyau *a*. Les deux réservoirs *k* sont partagés par des parois étanches qui obligent les vapeurs à passer successivement par les 8 faisceaux. L'ordre des communications à travers les parois est donné par la façon dont on veut faire passer les gaz ; l'étanchéité des parois est facile à obtenir, la différence de pression des différents compartiments étant très faible. Le bas du réservoir inférieur porte des siphons pour l'écoulement de l'eau condensée. L'ouverture *l* pointillée, fermée pendant la marche, sert à constater l'étanchéité des joints des tuyaux dans les parois.

Voici encore une autre construction d'un appareil refroidisseur qui sépare également l'eau condensée.

Le schéma figure 12 donne la coupe verticale et horizontale de l'appareil ; l'eau qui sert à refroidir traverse les faisceaux tubulaires du haut vers le bas. Les vapeurs entrent par *i*, sont obligées, par les parois, de parcourir le refroidisseur en forme de zig-zag, et sont toujours en communication avec les tuyaux.

L'AzH^3 sort par la tubulure *a* ; l'eau condensée se rend vers le bas, grâce à l'inclinaison des parois. Les parois intermédiaires, dont la surface inférieure est en contact avec la vapeur, sont chauffées par cette dernière ; l'eau condensée dans les divisions supérieures en coulant sur ces parois chauffées, abandonne donc facilement son AzH^3 qui se rend, en s'enrichissant de plus en plus, à la partie supérieure de l'appareil. Le faisceau inférieur n'est pas parcouru par de l'eau, mais par des eaux-mères, ce qui remplace le serpentin de la colonne de distillation dont il était question plus haut.

Comme on ne peut donner à ces tuyaux la longueur de la disposition (fig. 11), on aura, pour une surface refroidissante, beaucoup plus de joints avec la disposition 12. Mais la surveillance des joints est plus facile et le remplacement des tuyaux détériorés se fait d'une façon plus commode.

En somme, la construction des colonnes et des refroidisseurs, — les dimensions de grandeurs supposées exactes, — peut se faire de différentes manières et aura un même succès.

Une construction bien raisonnée et une marche soignée des appareils de distillation donne d'une façon sûre un tel séchage des gaz d'AzH^3 que l'on peut se passer, dans la suite, d'un enrichissement ultérieur de la solution salée ammoniacale, au moyen de sel solide.

5° *Absorbeur d'AzH^3*.

L'absorbeur E où se fait l'absorption de l'AzH^3 dans la solution d'eau salée, est construit en tôle. Comme la figure 13 l'indique, c'est la construction connue des colonnes. Pour enlever en partie la chaleur dégagée par l'absorption de l'AzH^3, la partie inférieure de l'appareil porte un réservoir ; la tubulure p et q (en plan) indique l'arrivée et le départ de l'eau.

Le gaz AzH^3 entre par a, dans l'appareil, les gaz non absorbés le quittent par b ; la solution entre par x et sort par y ; z sert à vider la partie inférieure.

Chaque division de l'appareil est munie d'un trou d'homme O ; elle a de plus trois robinets d'essais et des indicateurs de niveau.

Le compartiment supérieur a un manomètre u, un indicateur de vide v et un robinet pour l'arrivée de l'eau w. Les robinets d'essais ne figurent pas sur la figure 13, ni les colonnes de support en fonte.

6° *Pompes à vide.*

La pompe à vide F enlève les gaz non absorbés par le tuyau *b*, les envoie sous pression dans un laveur qui reçoit en même temps les gaz provenant de la précipitation. Après ce laveur, ils traversent encore un glower, y sont traités par l'acide et se dégagent dans l'air. La construction de la pompe de vide est décrite dans le 4e chapitre et sa grosseur y est indiquée.

7° *Bassin des eaux-mères.*

Le bassin des eaux-mères G (fig. 14) est de forme cylindrique, fermé de toutes parts, dans lequel les eaux-mères provenant de la filtration sont traitées au moyen de gaz des fours à chaux.

La tubulure *u* sert pour l'arrivée des eaux-mères ; celle *t* correspond à celle de même nom à la colonne avec laquelle elle est en communication par une tuyauterie, de sorte que l'on a dans les deux appareils la même pression, et le réservoir suit par conséquent les variations de pression de la colonne.

La tubulure de sortie *w* communique au moyen d'un tuyau avec celle *w* du serpentin de la colonne, contre laquelle est adapté un robinet ; *n* est un trou d'homme ; *o* sont les indicateurs de niveau.

La partie inférieure de ce réservoir des eaux-mères se trouve au moins de 4 mètres plus haut que la tubulure d'entrée *w* de la colonne.

Grâce à cette disposition et grâce au diamètre de 2m,50 du réservoir, la hauteur plus ou moins grande des eaux-mères dans le réservoir n'exerce qu'une faible action sur la vitesse de l'écoulement des eaux-mères dans la colonne. Et pour une bonne marche, une alimentation régulière de la colonne est absolument exigée.

La position respective des différents appareils que nous venons de décrire est indiquée figures 1 et 2, et le travail lui-même du système entier est facilement compréhensible par suite de la description en général des appareils et de l'indication de leur marche en particulier.

Les eaux-mères sortent du réservoir (fig. 14) par la tubulure *w* d'une façon continue, se rendent dans le serpentin de la colonne de distillation, et entrent avec une température de 60° dans la colonne. Ici elles sont rapidement portées à l'ébullition par un jet de vapeur et abandonnent, en tombant toutes bouillantes, de compartiment en compartiment, aux vapeurs, la plus grande partie du carbonate d'AzH^3.

Elles quittent la colonne par le tuyau S pour se rendre dans celle des chaudières de distillation qui est en chargement. Cette chaudière reçoit, en même temps, le lait de chaux bouillant, ce qui provoque la décomposition du chlorhydrate d'ammoniaque des eaux-mères. L'AzH^3, mis en liberté, est retenu en partie par les eaux-mères, d'où, d'une part, augmentation de la température des eaux-mères, d'autre part, abaissement de leur point d'ébullition en dessous de celui des liquides avant leur mélange. C'est pour cela que le mélange arrive à l'ébullition avec un lait de chaux de température suffisamment élevée ; l'AzH^3 se dégage abondamment et se rend par les tuyaux dans la colonne.

Le chargement de la chaudière étant terminé, on y fait entrer la vapeur et distiller jusqu'au bout, comme nous l'avons dit à la description du changeur.

Les eaux-mères distillées servent, avant de les abandonner complètement, à réchauffer les eaux d'alimentation des chaudières à vapeur.

La vapeur d'échappement des machines entre dans le changeur et parcourt les chaudières à traiter les unes après les autres. Le mélange de vapeur et d'AzH^3 part du changeur dans la colonne, où il enlève le carbonate d'AzH^3 des eaux-mères, qui vient en sens inverse. En montant plus haut, la vapeur traverse les couches des boulets en terre cuite et chasse de nouveau l'AzH^3, qui a été absorbé par les eaux condensées du serpentin et du refroidisseur, tout en chauffant le contenu du serpentin. La plus grande partie de la vapeur est condensée à la suite des opérations précitées.

Le reste de la vapeur, chargé de l'AzH^3 mis en liberté, entre dans le refroidisseur, où elle est presque complètement condensée, tandis que l'AzH^3, mélangé avec un peu d'air, de CO^2 et un peu de vapeur entraînée, entre par la tuyauterie *a* dans l'absorbeur. L'AzH^3, CO^2, et la vapeur d'eau sont presque complètement retenus dans cet appareil par la solution d'eau salée. Les gaz non absorbés sont enlevés par la pompe à vide par *b*, passent dans le laveur et de là à l'air libre. La solution d'eau salée entre par *x* d'une façon ininterrompue dans l'absorbeur, elle enlève l'AzH^3 aux gaz montants dans les deux compartiments supérieurs, et en réglant exactement l'arrivée de l'eau salée, on parvient à lui donner, dans le compartiment inférieur, la teneur en AzH^3 voulue ou exigée.

La solution ammoniacale quitte l'appareil par *y* pour être transformée plus loin.

Pour traduire par des chiffres, en ce qui concerne la chaleur, les principales phases qui se produisent dans les appareils dont nous venons de donner la description, nous admettons les conditions suivantes, qui correspondent assez exactement avec la réalité de ce qui se passe dans la pratique.

1° La quantité de chaleur qui produit une élévation de température de 1 degré dans un litre de solution salée, d'eau-mère ou de lait de chaux est estimée à 0.95 de calorie ou unité de chaleur, tandis que comme chaleur spécifique = 1, nous prenons celle de l'eau condensée, se formant pendant les réactions, et qui agit en diluant le liquide.

2° Par l'absorption de 1 kilogr. d'AzH^3 gazeux, on rend libres 500 unités de chaleur ; par l'absorption de 1 kilogr. de CO^2 127 unités (1). . . . .

3° Par le mélange d'eaux-mères normales avec un lait de chaux également normal, et dans les proportions usitées dans la marche (et sans tenir compte de l'eau condensée), on produit par les réactions de décomposition et d'absorption dans le mélange une augmentation de température de 4°, si on évite les fuites de AzH^3 gazeux (autrement une partie de la chaleur sert à évaporer ce gaz).

4° Pour la dissolution totale il faut par jour 81 mètres cubes, soit 3,375 litres par heure d'eaux-mères qui exigent l'emploi, par heure, de 1,375 litres de lait de chaux.

5° La température des eaux-mères s'élève en hiver, à l'entrée du serpentin de la colonne, à 16°, et en été à 25°. Le lait de chaux arrive dans la distillation à une température de 90°. Pour obtenir cette température, on se sert, ou bien de la vapeur d'échappement de la machine de l'agitateur ou de la vapeur directe. La quantité de vapeur nécessaire est indiquée dans le tableau n° 5.

6° Les eaux-mères distillées sortent de la distillation avec une pression de 1,5 atmosphère et à environ 116° de chaleur.

7° La quantité d'eau condensée des refroidisseurs s'élève à environ 345 litres par heure. Cette eau, qui se rend dans la colonne avec les eaux-mères, quitte les surfaces refroidissantes à environ 60°.

---

1. D'après Muller, Pouillet et Pfaundler : Physique, IIe vol. 1870. D'après Favre, Silbermann et Berthelot, à la pression normale, le volume 22.3 l. $(1 + \alpha R) = 17$ gr. d'AzH^3 développent dans l'absorption 8.8 unités de calorie ; un kilogr. donne donc 517,6 unités de calorie. Cette faible différence n'intervient pas dans nos calculs.

8° Nous supposons avant tout une bonne filtration, afin qu'aucune trace de bicarbonate de soude n'entre dans la colonne.

Les quantités de chaleur exigées par heure pour chauffer les eaux-mères et le lait de chaux à 116°, de même pour chasser l'AzH^3 et CO^2, s'élèvent à :

TABLEAU I

	Calories par heure. En hiver.	Calories par heure. En été.
3,375 litres d'eaux-mères de 16° à 116° exigent 3,375 × 100 × 0,95	320,625	
3,375 litres d'eaux-mères de 25° à 116° exigent 3,375 × 91 × 0,95.		291,769
1,375 litres de lait de chaux de 90° à 116° exigent 1,375 × 26 × 0,95.	33,963	33,963
345 litres d'eau condensée de 60° à 116° exigent 345 × 56 × 1.	19,320	19,320
175,77 kilogr. d'AzH^3 enlève 175,77 × 500.	87,885	87,885
Au n° 4, suivant chapitre I, nous avons $\frac{6,904}{24}=28,8$ kilogr. de AzH^3, sous forme de bicarbonate, ce qui correspond à 28,8 $\times \frac{44}{17} = 74,5$ kilogr. de CO^2 ; 1/5 de AzH^3 entre dans la chaudière de distillation comme simple carbonate ; il faut donc chasser 9/10 × 74,5 = 67 kilogr. CO^2, c'est-à-dire 67 × 127	8,509	8,509
	470,302	441,446
Par le mélange des eaux-mères et du lait de chaux se dégagent 4 × 0,95 × (3,375 + 1,375)	18,050	18,050
Calories restant à fournir	452,252	423,396

Nous avons laissé de côté la chaleur de décomposition du bicarbonate d'AzH^3 ; de même l'eau condensée au n° 4 n'est qu'approximative ; une variation assez notable des conventions que nous venons d'établir ne changerait quand même guère le résultat final. De plus, nous n'avons nullement fait intervenir les changements de chaleur dus aux changements de volumes des gaz pendant leur circulation à travers les appareils.

Pour déterminer la quantité minima de vapeur nécessaire à la distillation, nous savons que 1 kilogr. de vapeur avec une tension absolue de 1.5 atmosphère, dont l'eau condensée s'écoule avec 116°, ajoute 524 calories. Ensuite les deux systèmes de distillation (chaudières, colonnes, appareils de changement, tuyauteries) ont une surface refroidissante d'environ 600 mètres carrés. Avec un bon calorifuge, on peut compter par heure et par mètre carré de surface, en hiver, 1 kilogr.; en été, 0.9 kilogr. d'eau condensée. D'où nous avons la quantité minima de vapeur pour la distillation :

TABLEAU II

	Kilos de vapeur par heure.	
	En hiver.	En été.
452,252 calories sont fournies par $\frac{452,252}{524}$	864	
423,396 calories sont fournies par $\frac{423,396}{524}$		808
600 m² surface refroidissante à 1 kilogr. de vapeur demandent	600	
600 m² surface refroidissante à 0,9 kilogr. de vapeur demandent		540
Total de la vapeur nécessaire	1,464	1,348

En comparant avec ce calcul la quantité de vapeur constatée dans la marche et corroborée dans la pratique par le calcul de la quantité de vapeur s'échappant des machines, on trouve que dans une installation de quatre chaudières de distillation réunies par un appareil de changement, avec les colonnes de distillation, le rectificateur, installation où l'on faisait usage de la vapeur d'échappement et du vide, on a pu volatiliser par 24 heures 2.2 kilogr. d'AzH^3 avec 1 kilogr. de vapeur par heure.

En employant 5 chaudières, il y a une petite économie de vapeur, mais ici, nous ne la considérons pas.

La livraison journalière de 4,218.5 kilogr. d'AzH^3 exige donc par heure une dépense pour la distillation de $\frac{4.218,5}{2,2} = 1.917$ kilogr. de vapeur. Et en tenant compte de la différence ci-dessus calculée de la vapeur utilisée, nous trouvons une consommation de vapeur par heure pour l'hiver de 1.976 kilogr. et pour l'été de 1.860 kilogr.

La différence entre cette quantité de vapeur entrant dans la distillation et celle calculée tableau II pour échauffer et faire bouillir, donne la quantité que les refroidisseurs ont à condenser ; elle s'élève par heure à 512 kilogr. La plus grande partie, nous avons admis 345 litres, retourne en eau condensée à la colonne de distillation ; une petite partie (chapitre I, nous avons admis 4 m³ par jour, soit 166,6 litres par heure) est entraînée surtout comme eau condensée dans l'absorbeur. Nous avons donc par jour la quantité suivante de liquide rendue libre par la distillation :

TABLEAU III

	En hiver.	En été.
	m³	m³
Provenant des eaux-mères	81	81
id. du lait de chaux	33	33
id. de l'eau condensée de la vapeur de chauffage, déduction faite des 4 m³ entraînés dans l'absorbeur	43,4	40,6
Total	157,4	154,6

III. Dimensions des appareils de distillation.

a) *Chaudières de distillation.*

Nous supposons deux systèmes, chacun de cinq chaudières; chaque système a donc en hiver à travailler 78,7 mètres cubes. La durée d'une opération est de 12 heures pour chasser l'AzH^3 jusqu'aux moindres traces. Chaque chaudière reste donc en chargement pendant 2,4 heures, et en distillation 9,6 heures; le système entier fait par jour 10 charges et chaque charge renferme 7,87 mètres cubes. Avec les dimensions suivantes pour la chaudière de distillation, diamètre du corps cylindrique 3^m,500, hauteur du cône 1^m,125, la hauteur des eaux-mères se calcule comme suit :

La capacité du cône tronqué est de 3,8 mètres cubes, déduction faite des tuyaux et du filtre. Reste donc pour la partie cylindrique 7,87 — 3,8 = 4,07 mètres cubes, avec une surface de 9,6, ce qui donne une hauteur de 0,400; la hauteur totale est donc de 1^m,524.

En admettant que le tuyau d'arrivée des gaz soit à 0,100 du fond, il résulte que le gaz aura à vaincre une colonne de 1,424 de hauteur ce qui donne, en prenant le poids spécifique de la solution 1,1 et pour les 4 chaudières 1,424 × 1,1 × 4 = 6,264, une résistance de 6m,264 ou 6m,3 en chiffres ronds pour le passage de la vapeur.

Les tuyaux de vapeur et l'appareil de changement devront entraîner et laisser passer par heure 988 kilogr. avec une pression atmosphérique absolue de 1,5.

Cette quantité de vapeur correspond à 322 litres par seconde. Au fur et à mesure que la vapeur passe d'une chaudière à l'autre, la diminution de pression en augmente le volume, et sa quantité diminue par condensation.

Eu égard à la vitesse de la vapeur dans les tuyaux, ces deux circonstances s'annulent à peu près; mais comme la vapeur s'enrichit en AzH^3 à mesure qu'elle traverse les chaudières, sa vitesse augmente et on peut admettre dans le tuyau de sortie de la dernière chaudière une vitesse de 21m,6.

Pour la vitesse d'écoulement des gaz et leur frottement dans les tuyaux du système de distillation, nous admettons largement une perte de charge équivalente à une colonne d'eau de 0,7 de hauteur.

La résistance totale de quatre chaudières, reliées ensemble, est donc de 6,3 + 0,7 = 7 mètres de hauteur d'eau.

La vapeur ne possède donc plus à l'entrée dans la colonne de distillation qu'une tension absolue de 1,5 — 0,7 = 0,8 pression atmosphérique.

Dans le tableau n° 4, nous donnons la consommation de vapeur (en hiver) pour les chaudières des deux systèmes ; outre les additions des tableaux 1 et 2, il faut tenir compte de la quantité de vapeur utilisée dans la colonne, car son eau condensée est soumise à une augmentation de température. Suivant le tableau n° 2, la chaudière et la colonne exigent en hiver 1.464 kilogr. de vapeur ; en défalquant la consommation trouvée ci-après de 834 kilogr. pour les chaudières, il reste par heure 630 kilogr. de vapeur pour l'eau condensée de la colonne.

Dans la chaudière de distillation se produit une augmentation de pression allant de 0,8 atmosphère absolue à l'entrée des eaux-mères à 1,5 atmosphère absolue au moment de leur évacuation ; cette élévation de pression équivaut à 18° d'augmentation de température. La consommation entière, par heure, de la vapeur pour les deux systèmes de chaudières se calcule donc :

TABLEAU IV

	Calories.	Vapeur en kilogr.
3.375 litres d'eaux-mères à réchauffer de 18°, $3.375 \times 18 \times 0,95$	57.713	
345 litres eau condensée des refroidisseurs à réchauffer de 18°.		
Et 630 litres eau condensée de la colonne de distillation à réchauffer de 18°, ensemble 975 $\times 18$	17.550	
1.375 litres de lait de chaux à réchauffer de 90° à 116°, $1.375 \times 26 \times 0,95$	33.963	
$175,75 - \frac{4}{5} \times 28,8 = 152,71$ kilogr. d'AzH^3 à volatiliser, $152,71 \times 500$	76.355	
Total.	185.581	
Par le mélange des eaux-mères et du lait de chaux, suivant tableau n° 1, on rend libre $4 \times 0,95 \times (3.375 + 1.375)$.	18.050	
Restent	167.531	
167.531 calories exigent en vapeur $\frac{167.531}{524}$ . . .		320
Les 10 chaudières de distillation, le système de la tuyauterie et le changeur, avec 514 m² de surface et à 1 kilogr. de vapeur à condenser.		514
Total.		834

Les colonnes de distillation, y compris le serpentin, condensent donc par heure en hiver 1.464 — 834 = 630 kilogr. de vapeur.

Restent non condensés dans la colonne pour être travaillés dans le refroidisseur 1.976 — 1.464 = 512 kilogr. D'où, par heure et en hiver, se rendent dans les deux colonnes 630 + 512 = 1.142 kilogr. de vapeur à 0,8 d'atmosphère.

Chaque colonne reçoit donc par heure 571 kilogr. de vapeur à 0,8 atmosphère correspondant à $\frac{571}{0,4719} =$ 1.210^{m3}

76,36 kilogr. de AzH^3 à 0,8 atmosphère et 93° correspondant à $\frac{76,36}{0,4535} =$ 168,4

volume total d'entrée dans chaque colonne et par heure 1.378,4 mètres cubes = 382,9 litres à la seconde.

Dans la tuyauterie reliant l'appareil de changement à la colonne, laquelle a également 150 millimètres de diamètre, les gaz auront une vitesse de :

$$\frac{382,9}{1,767 \times 10} = 21 \text{ m. p.}''$$

b) *Colonne de distillation.*

Le diamètre de la colonne de distillation est supposé être de 1^{m},500. Dans le serpentin de chaque colonne entrent par heure 3.375 : 2 = 1.687,5 litres d'eaux-mères avec une température en hiver de 16° ; à la sortie, cette température devra être de 60°. La température moyenne du contenu du serpentin est donc de 38°. Les vapeurs ammoniacales correspondent à une tension de 0,7 atmosphère absolue et à une température de 88°. La différence de température entre celle de la vapeur et la température moyenne du contenu du serpentin est donc de 50°.

La transmission de chaleur à travers les parois métalliques s'élève [1], pour la vapeur, pour chaque degré de différence de température, par mètre carré et par heure, à 1.000 calories ; mais comme la vapeur qui nous occupe est mélangée avec AzH^3, CO^2 et de l'air, nous acceptons comme coefficient de transmission seulement 600 calories. Dans ce cas, chaque mètre carré de serpentin comporte donc :

$$50 \times 600 = 30.000 \text{ calories par heure.}$$

La chaleur nécessaire en hiver, par heure pour les eaux-mères, sera de 0,95 × 1.687,5 (60 — 16) = 70.537,5 calories, d'où la surface du serpentin sera de $\frac{70.537,5}{30.000} = 2,351$ mètres carrés, ce qui, avec un diamètre de 40 millimètres, exige une longueur de 18,7 mètres. Quinze minutes d'ébullition suffisent pour chasser la plus grande partie de bicarbonate d'AzH^3 ; les eaux-mères commencent à entrer en ébullition quelques instants après la sortie du serpentin, ce qui fait qu'elles ne devaient rester que trois minutes sur chacun des cinq plateaux de la colonne.

1. Un litre d'ammoniaque à 0° et 1 atm. abs. pèse 0,76271 gr.

Un litre d'ammoniaque à 93° et 0,8 atm. abs. pèse $\frac{0,8 \times 0,76271}{1 + 93 \times 0,003718} = 0,4535$ gr.

La quantité de liquide s'élève, par heure, en hiver :

1° En eaux-mères à	1.687,5	litres.
2° En eau condensée du refroidisseur	172,5	—
3° En eau condensée de la colonne	315	—
Total	2.175	litres.

En trois minutes, la quantité d'eaux-mères amenée est donc de 108,75 litres ; elle est donc la même pour le remplissage de chaque division de la colonne. Avec le diamètre de $1^{m},500$, et abstraction faite du contenu des capsules de retenue, on arrive à une hauteur de $0^{m},064$ de liquide supposé à l'état non bouillant. Par suite d'une forte ébullition, les eaux-mères montent, et nous adoptons comme hauteur de chaque compartiment, de plateau en plateau, celle de 400 millimètres.

La résistance hydraulique de chaque compartiment, avec le poids spécifique de 1,1 des eaux-mères s'élève à 70 millimètres de hauteur d'eau, ou pour les 5 séparations 350 millimètres ; il faut y ajouter la résistance de la partie inférieure avec environ 70 millimètres, ce qui donne pour la résistance seule des eaux-mères, celle de 420 millimètres de hauteur d'eau.

Par la variation des vitesses que subissent les vapeurs dans leur ascension d'étage en étage, pour les résistances partielles, etc., la résistance totale que la colonne présente au passage des vapeurs augmente, et nous l'admettons en chiffres ronds à 1 mètre de hauteur d'eau.

Les vapeurs qui entrent dans l'appareil avec 0,8 atmosphère absolue, arrivent au refroidisseur avec 0,7 atmosphère absolue.

c) *L'appareil réfrigérant.*

Dans chaque réfrigérant entrent par heure, dans chaque saison :

1° $\frac{1}{2}$ 512 = 256 kilogr. de vapeur à 0,7 atm. absolue $= \frac{256}{0,4291}$ . . . . = 615 m³ de vapeur.

2° $\frac{1}{2}$ 175.77 = 87,9 kilogr. $AzH^3 = \frac{879}{0,407}$ = 219 m³ AzH^3 (1)

3° $\frac{1}{2}$ 67 = 33,5 kilogr. $CO^2 = \frac{33.5}{1,035}$ . . . = 32 m³ CO^2 (2)

volume d'air approximatif. . . . = 34 m³

Total. . . . . 900 m³

1. Un litre de AzH^3 de 89°,47 et 0,7 atm. abs. pèse $\frac{0,7 \times 0,76271}{1 + 89,47 \times 0,003713} = 0,407$ gr.

2. Un litre de CO^2 de 89°,47 et 0,7 atm. abs. pèse $\frac{0,7 \times 1,9666}{1 + 89,47 \times 0,003713} = 1,035$ gr.

La quantité de chaleur qui, par heure, doit traverser la surface réfrigérante de chaque appareil est admise égale à la quantité totale de chaleur abandonnée par 256 kilogr. condensée en eau chaude à 60°.

Il est vrai que jamais on arrive à condenser absolument toute la quantité de vapeur, et la quantité de chaleur à absorber par le réfrigérant peut sembler un peu élevée ; en revanche nous ne faisons pas intervenir dans le calcul la diminution de température de AzH^3, CO^2 et de l'air à environ 30° ; 256 kilogr. de vapeur abandonnent à 60° et par heure $256 \times 574 = 146.944$ calories.

L'eau provenant de l'absorbeur sert pour l'appareil réfrigérant. Avec la quantité de 8 mètres cubes par heure pour cet appareil, l'augmentation de température de l'eau est de $\frac{146.944}{8.000} = 18°,4$. En été, l'eau de l'absorbeur possède une température de 23°,5. Cette eau gagne 18°,4 dans l'appareil réfrigérant et s'échappe avec une température finale de 41°,9.

A son entrée dans le réfrigérant, le mélange de gaz se compose en plus grande partie de vapeur d'eau, tandis qu'à la sortie il y a mélange d'AzH^3, CO^2, d'air et d'eau condensée. Par suite du changement de la composition du mélange de ces gaz, nous ne pouvons pas, dans le calcul de la surface refroidissante, faire intervenir les coefficients de la transmission de la chaleur. On ne peut également pas, vu que la différence des coefficients de transmission de la vapeur en eau non bouillante et de l'air chaud également en eau bouillante (le premier par degré de température, par mètre carré et par heure environ 1.000 calories, le second environ 12 calories) est très grande, accepter un terme moyen assez exact ; mais on est conduit à accepter les résultats d'expérience et leurs conclusions.

Il en résulte, étant supposé des dimensions exactes de l'ensemble de l'appareil à distiller, pour chaque 100 kilogr. de soude produits par 24 heures, et dans les conditions énoncées de l'eau réfrigérante, une surface refroidissante intérieure de 1 mètre carré.

Chaque réfrigérant aura donc une surface intérieure de 50 mètres carrés. Il se compose de 8 faisceaux, chacun de 8 tuyaux de 5 mètres de longueur et de 47 millimètres de diamètre, ensemble une surface de 50,1 mètres carrés.

La section totale d'un faisceau est de 0,0140 mètre carré, ce qui donne pour les 250 litres de vapeur par seconde une vitesse dans le réfrigérant de $\frac{250}{14} = 17,8$ mètres. Par suite de la condensation de la vapeur à la sortie du dernier faisceau les gaz ont encore à peu près le tiers de cette valeur.

La résistance que le réfrigérant, par suite du frottement des gaz, du changement de vitesse, etc., oppose est très faible ; pour les vaincre depuis l'entrée dans le réfrigérant, à l'entrée dans l'absorbeur, nous admettons qu'elle soit égale à 0,02 de hauteur d'eau. Les gaz entrent dans le réfrigérant avec 0,7 atmosphère absolue et le quittent donc avec 0,68 atmosphère absolue pour entrer avec cette pression dans l'absorbeur.

d) *L'absorbeur.*

Dans chacun des deux absorbeurs entrent par heure dans chaque saison :

87,9 kilogr. AzH^3 gazeux à environ 60°
33,5 kilogr. CO^2 gazeux — 60°

environ 83 kilogr. eau en plus grande partie comme eau condensée, peu de vapeur d'eau, et enfin une certaine quantité d'air atmosphérique.

Les deux absorbeurs reçoivent par jour 56,3 mètres cubes de solution salée, soit pour chaque appareil et par heure $\frac{56,3 \times 1.000}{2 \times 24} =$ 1.173 litres.

Cette solution contient déjà, par la précipitation des sels de chaux, et le lavage des gaz des carbonateurs, une certaine quantité d'AzH^3 sous forme de sulfate et de carbonate.

Le dégagement de chaleur, par heure, s'élève, par suite de l'absorption, dans un absorbeur, à environ :

L'absorption de 87,9 kilogr. de AzH^3 donne 87,9 × 500. . . . . =	43.950 calories.
L'absorption de 33,5 kilogr. de CO^2 donne 33,5 × 127. . . . . =	42.54,5 —
Pour la vapeur d'eau amenée, le refroidissement de l'eau condensée à la température de la saumure, la formation du carbonate, nous admettons.	4.795,5 —
Total	53.000 calories.

Nous admettons également que la plus forte température en été de l'eau du réfrigérant est de 20° ainsi que celle de la solution salée, si pour elle on a employé le sel gemme.

Pendant un temps très court en été, on peut admettre (mais

comme limite extrême) une température de 43° pour la solution ammoniacale.

Pour chauffer la solution de 20° à 43°, sont exigées par heure $1.173 \times 0,95 \times 23 = 25.633$ calories ; donc, pour l'appareil réfrigérant, il faut encore enlever 27.367 calories. On emploie à ce sujet 8 mètres cubes d'eau qui reçoit une augmentation de température de $\frac{27.367}{8.000} = 3°,5$. Sa température moyenne dans l'appareil est donc de $1/2\ (20 + 23,5) = 21,75$, en chiffres ronds 22°, ce qui donne vis-à-vis de la solution à refroidir une différence de température de 21°.

En admettant comme coefficient de transmission de chaleur le même pour la solution salée que pour l'eau pure, on peut prendre pour chaque différence de degré par mètre carré et par heure 200 calories, ce qui donne une surface réfrigérante nécessaire de $\frac{27.367}{200 \times 21}$ $= 6,5$ mètres carrés.

L'absorbeur que nous avons décrit a $2^m,200$ de diamètre, la hauteur du manteau refroidisseur est de $1^m,000$, la surface réfrigérante est de 6,9 mètres carrés.

Les gaz sont obligés de vaincre dans le compartiment inférieur une hauteur de $0^m,3$, dans chaque compartiment supérieur $0^m,2$, ce qui fait une hauteur totale de $0^m,7$ de solution salée ou $0^m,84$ de hauteur d'eau.

En ce qui concerne la résistance que les gaz ont à vaincre dans leur passage d'un compartiment à l'autre, pour tenir compte des autres résistances de l'appareil, et pour arrondir le chiffre, nous acceptons une résistance totale de 1 mètre de hauteur d'eau.

Les gaz entrent dans l'absorbeur avec une pression de 0,68 atmosphère absolue, le quittent donc avec une pression de 0,58 et sont aspirés par la pompe à vide.

e) *Pompe à vide.*

De ce qui précède, la résistance dans les appareils de distillation s'élève :

Dans les quatre chaudières et la tuyauterie à.	7,0 m.
Dans la colonne de distillation	1,0
Dans le réfrigérant	0,2
Dans l'absorbeur.	1,0
Résistance dans les robinets, vannes, etc	0,8
Total.	10,00 m.

équivalant à une hauteur d'eau de 10 mètres.

La vapeur, à son entrée dans l'appareil de changement, doit avoir une pression de 1,5 atmosphère absolue, et il règne dans l'aspiration de la pompe à vide une pression de 0,5 atmosphère absolue. Les gaz pris par la pompe devront, avant d'arriver à l'air libre, encore passer dans un laveur et ensuite dans un glover de SO^3HO. Ces deux appareils, y compris les frottements dans la tuyauterie, donnent une résistance de 0m,2 de hauteur d'eau, ce qui donne dans le refoulement de la pompe une pression de 1,2 atmosphère absolue.

La quantité de gaz que la pompe doit prendre dépend de l'étanchéité de tout le système et des soins qu'on y apporte.

Avec un bon fonctionnement des appareils et de la pompe, une marche ponctuelle et régulière, on peut faire travailler les deux systèmes de distillation avec un volume engendré de piston de 11 mètres cubes à la minute, la tension dans l'aspiration étant de 0,5 atmosphère absolue.

Les dimensions, la dépense de vapeur et la construction de la pompe à vide seront indiquées dans le chapitre des machines.

IV. Les machines.

a) *Le compresseur d'acide carbonique.*

Y compris la perte dans les opérations, nous admettons une production journalière dans les carbonateurs de 11.000 kilogr. de carbonate. Il faut donc journellement $\frac{2 \times 11.000 \times 22}{53} = 9.132$ kilogr. de CO^2 pour la combinaison du bicarbonate de soude, ce qui correspond à l'heure à $\frac{9.132}{24} = 380^k,5$. Comme nous l'avons admis dans le schéma détaillé dans le chapitre Ier, et pour une solution titrant 6 p. 100 d'AzH^3, 4,6 p. 100 d'AzH^3 sont changés directement en chlorhydrate d'ammoniaque ; 0,9 p. 100 d'AzH^3 restent dans les eaux-mères comme bicarbonate d'ammoniaque et perdent $\frac{9}{10}$ de leur CO^2 dans la colonne de distillation, pendant que $\frac{1}{10}$ s'unit à la chaux dans la colonne, et qui est considéré comme perdu. Le reste de 0,5 AzH^3 est entraîné plus loin et compte comme bicarbonate ; 0,3 en sont retenus dans la solution de lavage et rentrent dans la fabrication et 0,2 sont considérés comme perdus (au point de vue de leur teneur en CO^2).

Si donc on traite 6 kilogr. d'ammoniaque avec l'acide carbonique, on perd 0,29, ou en chiffres ronds 0,3 de CO^2 combinés à l'ammoniaque. D'où il faudra, par heure, au lieu de 380k,5 de CO^2, $\frac{380,5 \times 6}{5,7} = 400^k,5$ de CO^2, pour entrer dans la combinaison du bicarbonate.

Dans les appareils à calciner, on rend libres, par heure, $\frac{380,5}{2} =$ 190k,25 de CO^2. Environ la moitié est aspirée par une pompe, et est envoyée dans la colonne de précipitation, mais comme environ 10 p. 100 de CO^2 aspirés n'entrent pas en combinaison, nous admettons que la quantité de CO^2 provenant de la calcination est de 80k,5 par heure. Les fours à chaux devront fournir la différence, c'est-à-dire 400,5 — 80,5 = 320 kilogr. de CO^2.

Dans de grands fours à chaux (pour une consommation journalière de 15.000 kilogr. de calcaire), on peut produire des gaz contenant au moins 30 p. 100 de CO^2 en volume. De ceux-ci, et dans une marche normale, 3 p. 100 en moyenne se trouvent dans les gaz qui s'échappent, et il reste dans la solution 27 p. 100 ou 270 litres de CO^2 dans 1 mètre cube de gaz provenant des fours à chaux. Un litre de CO^2 pèse à 0°, et sous la pression de 760 millimètres, 1gr,9666. Les gaz des fours à chaux sont aspirés, en été, à environ 25° sous la pression de 740 millimètres ; 1 litre pèse, dans ces conditions, 1gr,752. Un mètre cube de gaz aspiré fournit donc $270 \times 1,752 = 473^{gr},04$ de CO^2 qui restent dans la solution. Pour arriver à se procurer les 320 kilogr. par heure, il faudra une aspiration de $\frac{320}{0,47304} = 676^{m3},5$ de gaz des fours à chaux.

Il faut, en outre, que les gaz comprimés traitent environ 150 mètres cubes d'eaux-mères et de solution ammoniacale pour lesquels il faut, par jour, environ 600 mètres cubes de gaz des fours à chaux, soit 25 mètres cubes à l'heure. Ensuite, la solution entraîne mécaniquement une partie de CO^2, qui s'échappe à la filtration, si elle n'est pas, au préalable et par une disposition particulière, enlevée et employée ; pour cette perte et pour arrondir les chiffres, nous admettons par heure 10m3,5. La quantité de gaz à aspirer par heure s'élève donc à 676,5 + 25 + 10,5 = 712 mètres cubes ou 197,8 litres à la seconde.

Nous adoptons le système de compresseurs dits humides, avec très faible espace nuisible ; nous admettons que les parois et les fonds du cylindre sont refroidis pour que les gaz aspirés ne puissent changer de volume dans la période d'aspiration par suite d'augmentation de chaleur, et que les presse-étoupes sont bien étanches ; dans ces conditions, nous pouvons prendre un effet utile, en volume, de 0,85 comme absolument admissible pour une marche ininterrompue.

Le volume à réaliser est donc de $\frac{197,8}{0,85} = 232,6$ litres à la seconde.

Si les clapets ou tiroirs sont bien conditionnés, les compresseurs humides donnent encore un bon résultat, entre le travail indiqué pour la vapeur et celui absorbé par la pompe, avec une vitesse de piston de $1^{m},20$ par seconde et de 40 tours par minute.

Avec cette vitesse et une course de $0^{m},90$, il faut une section exacte de cylindre $= \frac{232,6}{12 \times 100} = 0^{m2},193833$.

Le diamètre de $0^{m},50$ donne une section de.	$0^{m2},196350$
à déduire la section de la tige de $0^{m},075$ de diamètre et n'existant que d'un côté.	$0^{m2},002209$
Reste une section nette de.	$0^{m2},194141$

Pour le calcul des dimensions de la machine à vapeur et la consommation de vapeur, nous évaluons d'abord la pression du gaz dans la tuyauterie de refoulement.

Les résistances que les gaz auront à vaincre sont :

1° Dans la colonne de précipitation.	1,83 atm.
2° Dans les laveurs de solution salée	0,06 —
3° Dans les laveurs d'eau.	0,05 —
4° Dans le glover	0,10 —
Somme des résistances.	2,04 atm.

Nous prenons pour les résistances dans les tiroirs, les frottements dans les conduites et en arrondissant les chiffres 0,46 atmosphère. La plus grande pression dans le cylindre s'élève donc à 2,50 atmosphères qui est à peu près la même dans le tuyau de refoulement, si le tiroir est bien conditionné. Si nous construisons maintenant le diagramme, il en résulte, avec une pression atmosphérique de 740 millimètres et une pression effective de 2,50 atm., une pression moyenne constatée de 1,46 atm. où la ligne de compression atteint la hauteur connue au-dessus de la ligne de Mariotte.

Le piston de la pompe exige donc un travail indiqué de :

$$\frac{0,194141 \times 10.000 + 1,46 \times 1,2}{75} = 45,3 \text{ chevaux-vapeur.}$$

Il utilise dans les dimensions indiquées ci-dessus et en faisant usage de la vapeur directe — conformément à un grand nombre d'essais réalisés — au moins 80 p. 100 du travail effectif de la vapeur. La machine devra donc avoir $\frac{45,3}{0,80} = 56,6$ chevaux-vapeur.

Pour vaincre les résistances dues au frottement, etc., la machine travaillant en pleine charge demandera 20 p. 100 du travail indiqué.

La vapeur d'échappement des machines est envoyée à la distillation ; comme elle doit entrer dans l'appareil de changement avec une pression absolue de 1,5 atm., il faudra, à la place de la sortie moyenne en usage de 1,13 atm. abs., adopter la pression de 1,63 atm. abs. ; et si l'on faisait la distillation sans le secours de la pompe à vide, mais avec la vapeur d'échappement, il faudrait que la pression moyenne de sortie soit augmentée de 0,7 atm. ; il faudrait donc admettre 2,33 atm. abs. . . . .

La pression moyenne d'admission est supposée être de 6 atm. Avec une admission de 0,333 et un espace nuisible de 0,047, la pression s'élève, à la fin de la période d'expansion, à environ 2,28 atm. abs.

D'après les indications contenues dans l'aide-mémoire de l'ingénieur « Huette (1890) », on trouve, pour une pression moyenne absolue de 6 atm., une admission de 0,333 et une pression moyenne absolue à la sortie de 1,63 atm., une différence moyenne de pression, en avant et en arrière du piston, de 2,4 atm. dont les 20 p. 100 = 0,48 atm. pour vaincre les frottements ; avec une contre-pression de 1,63 atm. abs., la pression finale sera donc encore au minimum de 1,63 atm. abs., la pression totale sera donc encore au minimum de $1,63 + 0,48 = 2,11$ atm. abs., tandis qu'en réalité elle atteint 2,28 atm. abs.

Le degré d'admission choisi s'approche beaucoup de celui qui semble réaliser le plus d'économie.

Pour indiquer 56,6 chevaux avec une vitesse de piston de $1^m,2$, une différence moyenne de pression de 2,4 atm., il faut une section nette du cylindre de $\frac{56,6 \times 75}{1,2 \times 2,4 \times 10.000} = 0^{m^2},147396$.

Un diamètre de cylindre de 0,440 donne. . . . . . . $0^{m^2},152153$

La tige de piston de $0^m,075$ de diamètre a comme section. . . . . $0^{m^2},004418$

Reste. . . . . $0^{m^2},147635$

Les indications des compresseurs sont donc :

Admission moyenne absolue de la vapeur	6 atm.
Sortie moyenne absolue de la vapeur	1,63 atm.
Admission	0,333
Différence moyenne de pression en avant et en arrière du piston	2,4 atm.
Diamètre du cylindre à vapeur.	$0^m,440$
Diamètre de la tige du piston	$0^m,075$
Section nette du piston.	$0^{m2},147635$
Course	$0^m,900$
Nombre de tours, à la minute	40
Vitesse du piston, par seconde	$1^m,2$
Diamètre du cylindre de la pompe	$0^m,500$
Rendement en volume	85 p. 100
Volume aspiré à 25°, pression 740 mm, par seconde.	$197^l,8$
Compression maxima.	2,5 atm.
Travail de la vapeur, mesuré à l'indicateur. . . .	56,6 ch.
Rendement de la pompe, mesuré à l'indicateur . .	45,3 ch.

La consommation de la vapeur, par heure, pour cette machine, calculée d'après la formule de Hrabak, se compose comme suit :

1° Emploi utile de la vapeur	690 kilogr.
2° Perte de vapeur par refroidissement et condensation.	391 —
3° Perte par non étanchéité ou fuites	163 —
Dépense de vapeur par heure à l'entrée dans le cylindre	1.244 kilogr.

dont environ $690 + 163 = 853$ kilogr. vont, par heure, à la distillation.

Pour chaque unité de force de cheval indiqué, il faut, par heure, $\frac{1.244}{56,6} = 22$ kilogr. de vapeur.

Si l'on procède à la distillation avec la vapeur d'échappement, mais sans le concours du vide, nous avons, en avant du piston, une pression de sortie moyenne absolue de 2,33 atm. Avec une admission de 0,45, la différence moyenne de pression, en avant et en arrière du piston, est calculée à 2,3 atm. Les 20 p. 100 de frottement correspondent à 0,46 atm.

La pression finale, à la fin de la période d'expansion, devra donc être encore au moins de $2,33 + 0,46 = 2,79$ atm. abs. Elle s'élève, avec une admission moyenne absolue de 6 atm. et un espace nuisible de 0,047 à environ 2,97 atm. Elle s'approche donc de la limite admise comme pour la machine précédente et les deux degrés d'admission semblent, dans les deux cas, presque aussi économiques. Les 56,6 chevaux exigent alors, avec une vitesse de piston de $1^m,2$ et une différence moyenne de pression de 2,3 atm., une section nette de cylindre de $\frac{75 \times 56.6}{1,2 \times 2,3 \times 10.000} = 0^{m^2},153805$.

Un diamètre de 0,499 donne.	$0^{m^2},158337$
La tige de $0^m,075$ de diamètre donne	$0^{m^2},004418$
Le cylindre a donc une section de.	$0^{m^2},153919$

A l'exception donc de ces nombres modifiés, c'est-à-dire pression à la sortie, admission, différence moyenne de pression en avant et en arrière du piston, diamètre du cylindre à vapeur et sa section, toutes les autres indications du compresseur restent les mêmes.

La dépense de vapeur, par heure, est la suivante :

1° Emploi utile de la vapeur	933 kilogr.
2° Perte de vapeur par refroidissements et condensations.	442 —
3° Perte de vapeur par non étanchéité ou fuites .	163 —
Dépense totale par heure à l'entrée du tiroir. . .	1.538 kilogr.

dont environ, par heure, 933 + 163 = 1.096 kilogr. passent à la distillation. Par cheval-vapeur indiqué et par heure, il faut $\frac{1.538}{56,6} =$ $27^k,2$ de vapeur.

En général, il est à remarquer que, dans une installation de compresseurs, il faut exiger la plus grande sécurité dans la marche. C'est pourquoi la transmission du travail de la vapeur doit se faire par une tige commune ou par un balancier pour actionner le compresseur. On évitera toute transmission intermédiaire ou ces grandes transmissions uniques, malgré toute l'économie que de semblables installations de machines centrales peuvent offrir à première vue.

A cause de la grande pression de sortie, il n'est pas possible de laisser travailler le cylindre à vapeur avec de « petites admissions » pour une pression moyennement forte de la vapeur à son entrée dans le cylindre ; c'est pour cela que le travail fourni sur le piston et pour un tour de la machine est plus régulier que si l'on employait une machine à un cylindre et à « forte expansion » ; l'avantage des machines Wolff ou de machines Compound, reconnues pour la régularité du travail réalisé, ressort donc moins ici. En outre, la faible expansion qu'il faut adopter dans le cas actuel n'admet guère l'emploi de ces systèmes de machines ; c'est pour cela que, pour des machines de grandeur calculée, celle à un cylindre « avec détente variable » répond parfaitement à toutes les exigences.

On choisira le cylindre horizontal ou le cylindre vertical — les deux machines calculées pour les dimensions du cylindre donnent une marche aussi sûre l'une que l'autre. Ce ne seraient que les plus grandes installations de fabriques de soude à l'ammoniaque qui emploieraient des cylindres de telles dimensions que la position verticale serait absolument obligatoire.

Si l'on adopte des compresseurs fonctionnant à sec, il faudra refroidir les gaz, et comme l'action refroidissante pour le cylindre est peu sensible, on emploie un jet d'eau qu'on fait arriver dans le cylindre. Le danger d'une grande usure de celui-ci par l'emploi de l'eau de puits, est évité par l'emploi de l'eau de condensation provenant de la vapeur d'échappement des machines.

Les compresseurs dits humides, s'ils sont bien construits, sont très sûrs et très commodes pour la marche et donnent de bons résultats. Ils permettent des vitesses de piston qui le cèdent très peu aux compresseurs fonctionnant à sec. La pensée que l'eau absorberait de l'acide carbonique pendant la période de compression et de sortie, et le dégagerait dans la période suivante d'aspiration, de sorte que, de cette façon, on perdrait le grand avantage de ces pompes de ne presque pas avoir d'espace nuisible, n'est pas fondée. Ceci surtout est prouvé par des diagrammes relevés sur un compresseur humide. D'après ces diagrammes, la soupape d'aspiration s'ouvre déjà après 2 p. 100 de la course du piston. La teneur en CO^2, à cause de la petite capacité du four à chaux (environ 18 mètres cubes), était un peu faible et oscillait, au moment de la prise des diagrammes, entre 26 et 28 p. 100 en volume de CO^2. Comme la machine, par rapport aux autres appareils, était trop grande, on l'a fait fonctionner au maximum à une vitesse de piston de $0^m,800$.

En augmentant la vitesse du piston, l'influence de CO^2 sur le degré volumétrique (si toutefois on peut en parler) est plutôt plus petite que plus grande, vu que le temps de l'absorption est plus petit.

Avec de grands fours à chaux, la teneur en CO^2 devient notablement plus grande que 26 à 29 p. 100. Nous l'avons admise à 30 p. 100; effectivement elle est plus grande, ce qui fait que l'acide carbonique est plus facilement absorbé. Par contre, au moment de la prise des diagrammes, la température de l'eau du réservoir qui remplit le cylindre n'était que d'environ 6 degrés; il est facile de laisser monter cette température à environ 25 degrés ; d'où il suit que la diminution du coefficient d'absorption de CO^2 égale facilement une teneur supérieure de CO^2 dans les gaz des fours.

Toute machine, même la mieux construite, devra parfois être arrêtée momentanément pour pouvoir y effectuer de petits travaux de réparations, serrage de presse-étoupes, changements et nettoyages des clapets, etc., etc., non compté qu'un accident imprévu peut arriver à la machine la mieux conditionnée et la mieux appropriée pour le travail.

En considération de ces éventualités, une machine de secours est nécessaire ; dans beaucoup d'usines, le travail de la compression se partage sur deux machines ; une troisième est toujours tenue en réserve et prête à fonctionner au premier signal.

D'une façon fort simple, on se procure une sécurité absolue dans la marche, en faisant travailler la pompe ci-après calculée, qui aspire les gaz provenant de la calcination, dans la colonne de précipitation, comme d'ailleurs nous l'avons admis dans le calcul de la quantité des gaz des fours à chaux. La quantité de gaz fournie par cette pompe est suffisante pour empêcher la « prise en masse » du bicarbonate dans la colonne de précipitation, ce qui arriverait inévitablement à la suite d'un arrêt des grands compresseurs de CO^2, d'où naîtraient souvent de grands ennuis dans la marche des opérations.

b) *La pompe à vide de la colonne de distillation.*

Comme nous l'avons déjà développé plus haut, nous trouvons dans le tuyau d'aspiration de cette pompe une pression moyenne absolue de 0,5 atmosphère; dans le tuyau de refoulement une pression de 1,2 atmosphère ; de plus, le cylindre devra engendrer, par minute, un volume de 11 mètres cubes ou $183^{lit},333$ par seconde.

En admettant une vitesse de piston de 1 mètre par seconde, la section nette du cylindre sera $\frac{183,333}{10 \times 100} = 0,183333$ mètre carré.

Un diamètre de $0^m,488$ donne une section de . .	0,187038 m^2
La tige de $0^m,063$ de diamètre donne	0,003117
Reste une section nette de	0,183921 m^2

Avec une course de $0^m,700$, on aura besoin de 42,8 tours à la minute.

Avec les pressions d'aspiration et de refoulement indiquées, il s'établit une différence moyenne de pression, en avant et en arrière du piston, de 0,55 atmosphère, d'où, dans les diagrammes, la ligne de compression accuse l'augmentation de hauteur connue par rapport à la ligne de Mariotte, et la résistance que les tiroirs opposent au passage des gaz — en admettant une bonne construction de ces tiroirs — peut être considérée comme étant très petite.

Le piston de la pompe exige un travail indiqué de

$$\frac{0,183921 \times 0,55 \times 10.000 \times 1}{75} = 13,5 \text{ chevaux.}$$

Dans ce cylindre, on utilise 75 p. 100 du travail de la vapeur employée ; le travail nécessaire et indiqué est donc de $\frac{1,35}{0,75} =$ 18 chevaux-vapeur indiqués.

Nous pourrions répéter les calculs concernant la vérification de l'admission du degré d'expansion — comme nous l'avons fait pour le compresseur d'acide carbonique — et trouverions qu'avec une pression moyenne d'entrée de 6 atmosphères et une pression moyenne de départ de 1,63 atmosphère, il faut une admission de 0,333. La différence moyenne de pression, en avant et en arrière du piston, s'élève à 2,4 atmosphères.

Ce qui exige une section nette du cylindre de $\frac{18 \times 75}{1 \times 24 \times 10.000}$ = 0,056250 mètre carré.

Un diamètre de cylindre de $0^m,275$ donne une section de	0,059366 m^2
La tige de $0^m,063$ de diamètre donne	0,003117
Reste une section nette du cylindre de	0,056279 m^2

Les indications pour la machine seront les suivantes :

Pression moyenne d'entrée de la vapeur	6 atm.
Pression moyenne de départ de la vapeur	1,63 atm.
Admission	0,333
Course du piston	$0^m,700$
Nombre de tours par minute	42,8
Vitesse du piston par seconde	1 m.
Diamètre du cylindre à vapeur	$0^m,275$
Diamètre de la pompe	$0^m,488$
Diamètre de la tige	$0^m,063$
Volume engendré par minute	11 m^3
Pression absolue dans le tuyau d'aspiration	0,5 atm.
Pression absolue dans le tuyau de refoulement	1,2 atm.
Travail indiqué de la vapeur	1,8 chev.

La consommation, par heure, de la vapeur sera :

1° Emploi utile de la vapeur	219 kilogr.
2° Perte de vapeur par refroidissement ou condensation	178 —
3° Perte de vapeur par non-étanchéité ou fuites . .	103 —
Total, par heure, au tiroir d'entrée . .	500 kilogr.

dont, par heure, 219 + 103 = 322 kilogr. entrent dans la distillation.

Par heure et par cheval, il faut $\frac{500}{18} = 27^k,7$ de vapeur.

c). *La pompe à vide pour la filtration.*

Si les filtres sont en bon état et avec une fabrication soignée pour une production de 10.000 kilogr. par jour, il faudra, pour cette opération, que la pompe réalise, par heure, un volume de 210 mètres cubes, avec une pression d'aspiration absolue de 0,666 et une pression de refoulement de 1,2 atm. abs. mesurées, chacune, dans le tuyau d'arrivée et de départ.

La différence moyenne de pression, en avant et en arrière du piston, s'élève à 0,5 atm., en tenant compte de l'augmentation de hauteur de la ligne de compression et en admettant seulement une petite différence de pression dans les tiroirs.

Le volume engendré de 210 mètres cubes par heure correspond à $58^l,4$ à la seconde.

Cette pompe sera commandée par transmission ; elle aura une course de $0^m,550$ et fera 50 tours par minute. La vitesse du piston sera donc de $0^m,833$, nécessitant une section de cylindre de $\frac{0,0584}{0,833} = 0^{m2},070108$.

Un diamètre de cylindre de $0^m,302$ donne une section de	$0^{m2},071631$
La tige de $0^m,044$ de diamètre donne	$0^{m2},001520$
Reste une section nette du cylindre de.	$0^{m2},070111$

Le travail indiqué sera de $\frac{0,070111 \times 0,5 \times 10.000}{75} = 3,9$ chevaux.

Dans les conditions indiquées, le travail, dans le cylindre de la pompe, est au moins 80 p. 100 du travail effectif indiqué sur l'arbre.

Pour celui-ci, il faudra donc $\frac{3,9}{0,8} = 5$ chevaux effectifs.

D'après cela, les dimensions de la pompe seront :

Course.	$0^m,500$
Diamètre du cylindre	$0^m,302$
Diamètre de la tige.	$0^m,044$
Nombre de tours par minute	50
Vitesse du piston par seconde.	$0^m,833$
Pression absolue dans le tuyau d'aspiration	0,666 atm.
Pression absolue dans le tuyau de refoulement. . .	1,2 atm.
Travail effectif sur l'arbre	5 chevaux.

d) *La pompe à vide pour la calcination.*

Les gaz mis en liberté par la calcination du bicarbonate sont : l'acide carbonique, la vapeur d'eau, l'ammoniaque, auquel mélange, suivant les soins donnés au four, s'ajoute une quantité plus ou moins grande d'air ; la vapeur d'eau, une petite quantité de CO^2 et l'ammoniaque seront retenues dans un laveur.

Le bicarbonate est chauffé dans un appareil fermé jusqu'à ce que toute l'ammoniaque soit chassée ; il est ensuite transporté dans un four à moufle pour y être calciné complètement. Les gaz des appareils sont aspirés, ceux du four se rendent dans la cheminée.

La quantité totale, par heure, de CO^2, qui est à mettre en liberté, s'élève à $190^{kg},25$. Dans le calcul du compresseur de CO^2, nous avons admis que $80^{kg},5$ sont refoulés dans la colonne de précipitation. La pression absolue dans le tuyau d'aspiration, à cause de la résistance qu'offre le laveur, s'élève à 0,666 atm. Un mètre cube de CN^2, à cette pression, pèse à 25 degrés $1^{kg},200$; les $80^{kg},5$ ont donc un volume de $67^{m3},1$.

Comme la fermeture des portes n'est pas absolument étanche et qu'au moment du travail dans le four il y a des rentrées d'air, nous admettons un volume d'air entrant égal à celui du gaz CO^2, ce qui donne, par heure, environ $134^{m3},2$, en chiffres ronds 135 mètres cubes. Avec un effet utile de 85 p. 100, cela correspond à $\frac{135}{0,85} =$ $158^{m3},8$ par heure, ou 44,1 litres par seconde, volume à engendrer par le piston. Dans le tuyau de refoulement, les gaz devront avoir une pression moyenne absolue de 3,5 atm. ; en admettant la pression de 0,666 atm. abs. dans le tuyau d'aspiration, la différence moyenne de pression, en avant et en arrière du piston, est donc de 1,41 atm.

La pompe est actionnée par une transmission ; la course est de $0^m,500$; le nombre de tours, par minute, de 50.

La vitesse du piston est donc de $0^m,833$ par seconde ; la section nécessaire du cylindre est de $\frac{0,0441}{0,833} = 0^{m^2},052941$.

Un diamètre de $0^m,265$ donne une section de	$0^{m^2},055155$
La tige de $0^m,050$ de diamètre donne.	$0^{m^2},001964$
Reste une section nette du cylindre de.	$0^{m^2},053191$

Le piston de la pompe accuse un travail de 8,33 chevaux.

Dans les proportions indiquées, le travail sur le piston est au moins les 84 p. 100 de celui de l'arbre qui aura donc à donner un travail effectif de $\frac{8,33}{0,84} = 10$ chevaux.

Les dimensions de la pompe seront donc :

Course	$0^m,500$
Diamètre du cylindre	$0^m,265$
Diamètre de la tige	$0^m,050$
Nombre de tours par minute	50
Vitesse du piston par seconde	$0^m,833$
Pression moyenne absolue dans le tuyau d'aspiration	0,666 atm.
Pression moyenne absolue dans le tuyau de refoulement	3,50 atm.
Travail effectif sur l'arbre	10 chevaux.

Les trois dernières pompes dont il est question ci-devant peuvent être des pompes fonctionnant à sec ; mais l'emploi des pompes humides est plus avantageux. Nous recommandons seulement, si l'on fait usage des dernières, d'employer, à la place des doubles cylindres usités auparavant avec plongeur, un seul cylindre à double effet avec une tige ; les grands presse-étoupes des plongeurs facilitent plus les rentrées d'air que les petits presse-étoupes de la tige du piston.

Les pompes à vide pour la filtration et la calcination, commandées par transmission, peuvent être mises en mouvement par un arbre coudé commun, calées à 90°, ce qui procure une dépense de vapeur plus régulière et une marche plus tranquille des pompes ; mais, même dans ce cas, on devra pouvoir arrêter chaque pompe à part.

e) La pompe des eaux salées.

Elle doit fournir, par jour, $67^{m^3},6$ ou 0,8 litre à la seconde et est calculée pour un débit d'un litre à la seconde.

La résistance totale qu'elle aura à vaincre, de la hauteur d'aspiration et de celle de refoulement, de celle correspondant aux résistances de frottement dans les tuyaux, dans les robinets, etc., etc., sera admise être égale à 25 mètres de hauteur d'eau. Avec un rendement de 0,9 et en admettant un seul plongeur, celui-ci engendrera, par seconde, un volume de $\frac{2,0}{0,9} = 2,22$ litres.

En prenant un diamètre de $0^m,12$, ce qui donne une section de $0^{m^2},011309$, la vitesse du piston sera de $\frac{0,00222}{0,011309} = 0^m,196$, soit $0^m,200$. La course étant de 250 millimètres, il faudra que la pompe fasse 24 tours par minute.

Le poids spécifique de la solution salée étant 1,2, le travail que demande la pompe est de $a\frac{(1 \times 1,2 \times 25)}{75}$, a étant égal à 1,25, ceci correspond à 0,5 cheval-vapeur.

La quantité d'eau salée à élever n'étant que de $0^l,8$ par seconde, la pompe n'aura qu'à fonctionner pendant 19,2 heures.

En comptant que le travail se fera sans interruption, nous avons donc largement compté la force nécessaire en prenant 0,5 cheval.

Les indications de la pompe des eaux salées sont donc :

Diamètre du plongeur	$0^m,120$
Course	$0^m,250$
Nombre de tours à la minute	24
Vitesse du piston par seconde	$0^m,200$
Rendement	0,9
Quantité fournie par seconde	1 litre.
Hauteur de résistance	25 mètres.
Travail effectif sur l'arbre	0,5 cheval.

f) Machines diverses.

Nous admettons, pour la force absorbée par le broyeur, par une essoreuse destinée à sécher complètement le bicarbonate qui peut encore être humide après la filtration, pour les transmissions diverses, une force équivalente à 16 chevaux.

g) *La machine principale.*

Cette machine aura à fournir :

1° La force nécessaire pour la pompe à vide de la filtration	6 ch.
2° La force nécessaire pour la pompe à vide de la calcination	10 ch.
3° La force nécessaire pour la pompe de la solution salée	0,5 ch.
4° La force nécessaire pour diverses machines et transmissions	16 ch.
Total	31,5 ch.

ce qui correspond à 40 chevaux indiqués.

En tenant compte de la pression admise pour le compresseur de CO^2, nous trouvons, avec une admission de 0,333, une différence moyenne de pression, en avant et en arrière du piston, de 2,4 atm. Nous admettons une vitesse de piston, par seconde, de $1^m,500$ et une course de $0^m,600$; dans ces conditions, la machine devra faire 75 tours par minute, ce qui correspond à une section nette du cylindre de $\frac{40 \times 75}{1,5 \times 2,4 \times 10.000} = 0,083333\ m^2$.

Le diamètre de $0^m,330$ donne une section de	0,085530 m^2
La tige de $0^m,052$ de diamètre donne	0,002124 m^2
Reste une section nette de	0,083406 m^2

Les indications pour la machine sont donc :

Pression moyenne absolue d'entrée de la vapeur	6,0 atm.
Pression moyenne absolue de sortie de la vapeur	1,63 atm.
Admission	0,333
Diamètre du cylindre de vapeur	$0^m,300$
Diamètre de la tige	$0^m,052$
Course	$0^m,600$
Vitesse du piston par seconde	$1^m,500$
Nombre de tours par minute	75
Rendement indiqué	40 ch.

La quantité de vapeur nécessaire sera :

1° La dépense, par heure, de vapeur utilisée . . .	487 kilogr.
2° La perte, par heure, par le refroidissement et condensation	204 —
3° La perte, par heure, par suite de non-étanchéité ou fuites	123 —
Soit une dépense, par heure, au tiroir, de. .	814 kilogr.

dont 487 + 123 = 610 vont à la distillation, ce qui correspond à une dépense de vapeur, par heure et par cheval, de $\frac{813}{40} = 20,4$ kilogr.

Si, pour la distillation, on se sert de la vapeur d'échappement, mais sans le concours du vide, et en faisant les calculs analogues à ceux détaillés au compresseur pour l'acide carbonique, nous retrouverons, avec une admission de 0,45, une différence moyenne de pression, en avant et en arrière du piston, de 2,3 atm. Avec une vitesse de piston de $1^m,500$, il faudra une section nette du cylindre de $\frac{75 \times 40}{1,5 \times 2,3 \times 10.000} = 0,086956 \text{ m}^2$.

Le diamètre de $0^m,337$ donne une section de. . . .	0,089197 m^2
Le diamètre de la tige donne	0,002124 m^2
Reste une section nette de	0,087073 m^2

La course et le nombre de tours ne changent pas.

Les dimensions sont donc pour cette machine :

Pression moyenne absolue à l'entrée de la vapeur. .	6,0 atm.
Pression moyenne absolue à la sortie de la vapeur. .	2,33 atm.
Admission	0,45
Diamètre du cylindre à vapeur.	$0^m,337$
Diamètre de la tige	$0^m,052$
Course	$0^m,600$
Vitesse du piston par seconde.	$1^m,500$
Rendement indiqué	40 ch.

Le calcul de dépense de vapeur donne donc :

1° La dépense, par heure, de vapeur utilisée . .	660 kilogr.
2° La perte, par heure, par condensation. . . .	230 —
3° La perte, par heure, par fuites ou non-étanchéité	123 —
La dépense, par heure, au tiroir, est donc de . .	1.013 kilogr.

dont 660 + 123 = 783 vont à la distillation.

Pour chaque cheval-vapeur on consommera par heure $\frac{1.013}{40} = 25,3$ kilogr. de vapeur.

h) *La pompe pour l'eau devant servir au refroidissement.*

Nous prenons une température de 20°, comme on la rencontre parfois en juillet et août dans les réservoirs alimentés en grande partie par des ruisseaux. Dans ces conditions, il faudra, par heure, la quantité suivante de l'eau servant pour le refroidissement :

1° Pour deux absorbeurs d'AzH^3 et les deux colonnes de refroidissement	16,0 m³

Cette eau est dans la suite utilisée ainsi :

a) comme eau d'alimentation des chaudières	3,2 m³
b) pour la filtration	0,4 m³
c) pour la préparation du lait de chaux	1,6 m³
d) pour le 1er appareil de laveur des gaz des fours à chaux	10,0 m³
Total	15,2 m³

2° Pour refroidir la colonne de précipitation	6,0 m³
3° Pour laver les gaz de la précipitation (sert plus tard pour la préparation de la solution salée)	2,6 m³
4° Pour refroidir les appareils de lavage de la calcination	7,0 m³
5° Pour le second laveur des gaz des fours à chaux	1,5 m³
6° Pour les compresseurs et divers	2,9 m³
Total	36,0 m³

ou 10 litres à la seconde.

Avec un rendement de 0,9, le piston devra engendrer un volume de $\frac{10}{0,9} = 11,1$ litres par seconde.

Avec une vitesse de piston $= 0,333$, soit 20 mètres à la minute, et une course de 0m,400, il faudra 25 tours à la minute.

La section nette du cylindre devra, pour une pompe à double effet, être $\frac{0,0111}{0,333} = 0,03330$ m².

Le diamètre de 0m,210 donne une section de	0,034636 m²
La tige 0m,040 donne une section de	0,001256 m²
Reste une section nette de	0,033380 m²

La résistance totale : hauteur d'aspiration, de refoulement, les frottements dans les tuyaux et les tiroirs ou clapets, etc., etc., est admise être égale à 28 mètres. La pompe exige donc un travail sur l'arbre moteur de $\frac{a(10 \times 28)}{75}$.

a correspond à peu près à 1,25; on obtient donc $\frac{1,25(10 \times 28)}{75}$ = 4,66 chevaux, ce qui donne, sur le piston à vapeur, environ 6,4 chevaux indiqués. La machine à vapeur et la pompe sont sur le même bâti et la transmission de la force de la machine à la pompe a lieu au moyen d'engrenage. La machine à vapeur fera 90 tours, soit 3 $^3/_5$ fois plus que la pompe. La vitesse du piston est prise égale à 1 mètre, ce qui donne une course de 0^m,333.

Ici encore, nous pouvons admettre, en employant les pressions indiquées ci-haut, une admission de 0,33. La différence moyenne de pression, en avant et en arrière du piston, s'élève également à 2,4 atm. La section nette du cylindre sera donc de $\frac{6,4 \times 75}{1 \times 2,4 \times 10.000}$ = 0,020000 m^2.

Le diamètre de 0^m,164 donne comme section. . .	0,021124 m^2
La tige de 0^m,035 donne comme section	0,000962 m^2
Reste une section nette de.	0,020162 m^2

Les indications de la pompe sont :

Pression moyenne absolue à l'entrée de la vapeur. .	6,0 atm.
Pression moyenne absolue à la sortie de la vapeur. .	1,63 atm.
Admission.	0,333
Diamètre du cylindre à vapeur.	0^m,164
Diamètre de la tige	0^m,035
Course	0^m,333
Vitesse du piston par seconde.	1^m,000
Nombre de tours par minute.	90
Rendement indiqué	6,4 ch.
Diamètre du cylindre de la pompe	0^m,210
Diamètre de la tige de la pompe.	0^m,040
Course de la pompe	0^m,400
Vitesse du piston de la pompe par seconde.	0^m,333
Nombre de tours par minute.	25
Quantité d'eau pompée par seconde.	10 litres.
Hauteur totale de résistance (aspiration et refoulement).	28 mètres
Travail nécessaire sur l'arbre moteur.	4,66 ch.

Le calcul de la consommation de la vapeur donne :

1° Dépense, par heure, de vapeur utilisée.	79 kilogr.
2° Perte, par heure, par condensation	54 —
3° Perte, par heure, par fuites, etc.	59 —
La consommation, par heure, au tiroir, donne un total de	192 kilogr.

dont 79 + 59 = 138 kilogr. vont à la distillation.

Pour chaque cheval-vapeur indiqué, on consomme, par heure, $\frac{192}{6,4} = 30$ kilogr. de vapeur.

Si l'on se sert, à la distillation, de la vapeur d'échappement des machines, mais sans le concours du vide, le calcul donne, pour les pressions d'arrivée et de départ connues, une admission de 0,5 et une différence moyenne de pression, en avant et en arrière du piston, de 2,51 atm.

La section exacte du cylindre à vapeur devra être $\frac{6,4 \times 75}{1 \times 2,51 \times 10.000}$ $= 0,019123$ m².

Le diamètre de $0^m,160$ donne une section de. . .	0,020106 m²
La tige de $0^m,035$ de diamètre donne comme section	0,000962 m²
Reste une section nette de.	0,019144 m²

Les dimensions qui sont modifiées seront les suivantes :

La pression moyenne absolue de sortie de la vapeur est de.	2,33 atm.
L'admission est de.	0,5
Le diamètre du cylindre à vapeur est de.	$0^m,160$

Les autres dimensions ne varient pas.

Le calcul de la consommation de vapeur, par heure, donne :

1° La dépense, par heure, de vapeur utilisée . . .	111 kilogr.
2° La perte, par heure, par condensation.	65 —
3° La perte, par heure, par fuites et divers. . . .	60 —
Consommation totale, par heure, au tiroir	236 kilogr.

dont 111 + 60 = 171 kilogr. se rendent à la colonne de distillation.

Pour chaque cheval-vapeur indiqué, on consomme, par heure, $\frac{236}{6,4} = 36^{kg},9$ de vapeur.

i) *Monte-charge de calcaire, élévateur du lait de chaux et ventilateur.*

Pour la machine du monte-charge du calcaire, nous admettons, par heure, une consommation de vapeur de 10 kilogr.; elle sera à échappement libre.

Le lait de chaux, fraîchement préparé, d'une température de 50° à 60°, est transporté dans un réservoir supérieur au moyen d'un élévateur direct à jet de vapeur. Ce réservoir devra, le plus possible, être garanti contre toute déperdition de chaleur et être recouvert à sa partie supérieure. Dans ce réservoir, le lait de chaux sera porté à une température d'environ 90° au moyen d'une arrivée de vapeur. Pour empêcher tout dépôt du lait de chaux, cette vapeur actionne un ventilateur qui aspire l'air dans la partie supérieure du réservoir fermé et qui brasse le contenu du réservoir d'une manière constante.

Pour l'élévateur et le ventilateur, nous admettons, par heure, une consommation de 160 kilogr. de vapeur.

En tenant compte des 10 kilogr. exigés pour le monte-charge, il faudra donc ici 170 kilogr. de vapeur et par heure. Ces 170 kilogr. ne sont pas à attribuer, d'une façon particulière, à la colonne de distillation, car nous en avons tenu compte en admettant, pour le lait de chaux, une température de 90°.

V. Résumé

Après avoir établi la consommation de vapeur et le rendement des différentes machines en particulier, nous pouvons faire le résumé de la consommation totale de vapeur pour les machines qui nous donnera la quantité de vapeur d'échappement disponible pour la colonne de distillation. Ce résumé est fait pour les deux marches de la distillation (avec ou sans le vide) dans le tableau n° 5.

TABLEAU

TABLEAU V

NUMÉROS.	DÉNOMINATIONS.	CHEVAUX indiqués.	MARCHE DE LA DISTILLATION. Avec vide. Vapeur consommée.	Vapeur utilisée.	Sans vide. Vapeur consommée.	Vapeur utilisée.
1	Compresseur de CO^2	56,6	1.244	853	1.538	1.096
2	Pompe de vide de la distillation.	18,0	500	322	—	—
3	Machine motrice.	40,0	814	610	1.013	783
4	Pompe d'eau	6,4	192	138	236	171
5	Monte-charge, élévateur et ventilateur	—	—	—	170	—
6	Condensation dans les tuyaux de vapeur et eau surchauffée, environ 8 p. 100. . .	—	250	—	250	—
	Total.	121,0	3.170	1.923	3.207	2.050

Les machines nos 1 et 4 envoient ensemble, dans la marche avec le vide, leur vapeur d'échappement dans le premier système de distillation et fournissent, par heure, 991 kilogr. de vapeur. Les deux machines nos 2 et 3 fournissent par heure, au second système de distillation, 932 kilogr. de vapeur d'échappement.

Pour la distillation, on a établi qu'avec deux systèmes chacun de quatre chaudières, il fallait, en été, par heure 1.860 kilogr. de vapeur d'échappement et, en hiver, 1.976 kilogr., c'est-à-dire par système respectivement 930 et 988 kilogr. Comme un système de distillation avec cinq chaudières exige moins de vapeur, nous admettrons que la consommation, en hiver, d'une installation de cinq chaudières est égale à la consommation, en été, de l'installation de quatre chaudières, c'est-à-dire de 930 kilogr. par système et par heure, au lieu de 988 kilogr., d'où une différence seulement de 58 kilogr., soit 6 p. 100.

Dans la marche avec le vide, nous avons donc toujours, non seulement la quantité de vapeur nécessaire, mais il reste pour les machines nos 1 et 4 un excédent de vapeur qu'on peut utiliser pour chauffer, au préalable, l'eau destinée aux chaudières. Si l'on envoie ce petit excédent de vapeur dans la distillation, on hâtera un peu le départ de l'ammoniaque, ce qui ne peut nullement nuire : car aussitôt que le mélange de gaz qui se rend dans le refroidisseur devient plus riche en vapeur d'eau, le coefficient de la transmission de chaleur des surfaces réfrigérantes augmente, et ce n'est que la plus petite partie de la vapeur amenée, par excédent, qui quitte le refroidisseur sans être complètement condensée.

Dans la marche sans le vide, les eaux-mères distillées sortent avec une pression plus grande, d'où à une température correspondante supérieure que dans la marche avec le vide; le calcul donne une dépense supérieure d'au moins 100 kilogr. de vapeur par heure, c'est-à-dire une consommation totale de 1.030 kilogr. par système pour l'hiver.

Le compresseur d'acide carbonique peut, à lui seul, avec ses 1.096 kilogr. de vapeur d'échappement, alimenter tout un système et donner encore de la vapeur disponible à d'autres usages ; tandis que la machine motrice et la pompe d'eau réunies suffisent, à peine, pour les besoins du second système. Abstraction faite de l'alimentation inégale des deux systèmes, il faudra que les chaudières à vapeur produisent une petite quantité de vapeur complémentaire, environ 37 kilogr. par heure. La construction d'une installation, sans le vide, est cependant plus simple et revient meilleur marché que celle avec le vide, car elle supprime la pompe à vide de la distillation, ce qui compense la petite dépense de vapeur supplémentaire. Examinées seulement au point de vue de la consommation de vapeur et des frais d'installation, les deux marches, avec ou sans le vide, ont à peu près la même valeur ; le travail avec le vide est cependant plus commode et tend à diminuer les pertes d'ammoniaque ; — pour cela seul, il mériterait donc la préférence.

Emploi d'une machine à vapeur centrale.

L'emploi d'une machine centrale pourrait amener une petite économie de vapeur, en se servant, dans la distillation, de la vapeur d'échappement et, en même temps, du vide ; mais, dans la pratique, on n'a jamais recours à cette disposition, à cause de la fréquence des arrêts qu'elle entraîne dans la fabrication. *Et voudrait-on l'employer, il faudrait, en tout cas, que les compresseurs de CO^2 soient à action directe et indépendante de toute autre machine.*

Emploi de la vapeur directe dans la distillation.

Si l'on renonce à l'emploi de la vapeur d'échappement, c'est-à-dire si l'on emploie la vapeur directe pour la distillation, on ne se sert pas du vide, parce qu'on peut facilement vaincre les résistances des liquides dans les appareils. En tout cas, la consommation de vapeur — abstraction faite de l'installation d'une machine centrale avec condensation, qui ne présente point de garantie dans la marche, — est notablement plus grande qu'avec l'emploi de la vapeur d'échappement. Malgré cela, on voit encore dans certaines usines sortir en l'air la vapeur d'échappement des machines ; dans ces usines, on se sert donc de la vapeur directe pour la distillation. Cela est plus simple, aussi sûr pour la marche, mais pas si commode que l'emploi de l'échappement uni au vide.

Les machines nos 1, 3, 4 du tableau V reçoivent, en correspondance avec les pressions diminuées de sortie, des admissions réduites et, avec la même vitesse de piston, ces machines ne dépensent en moyenne que 20 kilogr. de vapeur par cheval indiqué et par heure. Le no 5 du tableau V ne varie pas ; le no 2, pompe à vide, est supprimé ; mais alors il faudra surtout tenir compte, dans la distillation, de la consommation de vapeur en hiver. Nous l'admettons être de 1.860 kilogr., les poids de vapeur d'échappement et de vapeur directe, eu égard à leur efficacité dans la distillation, sont supposés être les mêmes. A ce propos, il y aurait à faire la remarque suivante : la vapeur directe divise bien plus les eaux-mères que la vapeur d'échappement et provoque une séparation de l'ammoniaque plus énergique, absolument comme si les eaux-mères étaient brassées énergiquement par un appareil à agitation rapide ; par contre, l'absence du vide augmente la facilité de la sortie des eaux-mères distillées, à cause d'une plus forte pression et d'une température correspondante supérieure. — Cette circonstance exige une consommation complémentaire, par heure, d'au moins 100 kilogr. de vapeur ; mais nous pouvons admettre que cette consommation supplémentaire est largement compensée par une efficacité plus grande dans la distillation avec la vapeur directe.

La consommation de vapeur s'élève donc par heure :

1° 103 chevaux à 20 kilogr. de vapeur.	2.060 kilogr.
2° Monte-charge du calcaire, élévateur du lait de chaux et ventilateur.	170 —
3° Consommation de vapeur à la distillation en hiver.	1.860 —
4° Condensation dans les conduites, etc.	350 —
Total.	4.440 kil[illegible]

D'où il résulte une augmentation de consommation de 4.440 —

3.170 = 1.270 kilogr. de vapeur à l'heure en défaveur de cette marche, à vapeur directe, comparée à celle avec utilisation de la vapeur d'échappement et du vide.

Cette grande consommation de vapeur pourrait être diminuée un peu en prenant, avec condensation, le compresseur de CO^2 ainsi que la machine motrice; mais on s'expose à avoir plus facilement des arrêts dans la marche de la fabrication qu'avec l'emploi d'une pompe à vide pour la distillation et de la vapeur d'échappement des machines, sans pour cela pouvoir travailler avec autant d'économie de vapeur.

Il résulte de cette comparaison que la marche de la distillation — avec l'utilisation de la vapeur d'échappement des machines et avec le concours du vide — est celle qui est le plus à recommander dans la pratique.

Dans la description sommaire qui précède, nous venons d'indiquer les grandes lignes qui sont à observer dans la fabrication qui nous occupe, et de donner des détails intéressants sur les appareils, les machines et la consommation de vapeur.

Le procédé proprement dit est le même dans les différentes usines, mais chacune le modifie, d'une façon plus ou moins heureuse, suivant les appareils qu'elle veut employer et les soins qu'elle fait apporter dans les différentes opérations. Prenons, par exemple, l'opération de la distillation de l'ammoniaque. Rien que le nombre de brevets pris dans les différents pays concernant les appareils de distillation prouve combien on attache d'importance à ce travail pour le réaliser de la façon la plus simple, la plus économique au point de vue de l'utilisation de la vapeur, la plus rationnelle au point de vue du dégagement complet de l'ammoniaque dont toute trace, après le travail avec le lait de chaux, doit avoir disparu dans les eaux qui abandonnent les appareils de la distillation. Tantôt celle-ci se fait, comme nous l'avons indiqué précédemment, dans des appareils à travail intermittent et où la vapeur opère le brassage entre les eaux-mères et le lait de chaux; vers la fin de l'opération et avant d'expulser les eaux distillées, il sera facile de constater l'absence totale de l'ammoniaque dans ces eaux. Tantôt ce sont des appareils à distillation continue, comme les colonnes employées à la soudière de Dieuze et ailleurs, ou la colonne Mallet qui fonctionne dans plusieurs installations. Ici, on ajoute, à l'action de la vapeur le brassage mécanique, et on obtient un rendement certain plus grand et une meilleure utilisation de la vapeur. De plus, cet appareil permet la séparation de l'acide carbonique et de l'ammoniaque, dont le dernier seul est dirigé dans les absorbeurs, ce qui peut présenter certains avantages dans la fabrication. La marche régulière et normale de cet appareil exige très peu de soins et de main-d'œuvre. L'essentiel est la constance, au point de vue de la composition en ammoniaque (sels fixes et sels volatils), des eaux-mères et la régularité du lait de chaux dont le degré doit être en rapport avec la teneur en ammoniaque des eaux-mères. Une température constante du lait de chaux est également à souhaiter, de même la régularité absolue de la pression de la vapeur ainsi que la quantité nécessaire pour le travail. Le moindre changement peut troubler le régime et occasionner une perte sensible d'ammoniaque à l'expulseur de la colonne. Nous espérons, très prochainement, pouvoir donner, sur cet appareil intéressant, une étude très complète.

Une autre opération, dont notre article ne fait qu'une légère mention, est celle de la « carbonatation » ; c'est en elle que réside toute la fabrication pour obtenir un bon bicarbonate de soude. La solution salée ayant, dans les « absorbeurs », reçu la quantité nécessaire d'ammoniaque que nous avons déterminée plus haut, est soumise, dans cette opération, à l'action d'un courant d'acide carbonique que les compresseurs ont aspiré dans les fours à chaux et qu'ils envoient, sous pression, dans les nouveaux appareils dits « carbonateurs ». Ici encore nous voyons employés des appareils à travail continu et des appareils à travail intermittent. La simplicité des opérations est, pour le premier genre de ces appareils, la sûreté de la réussite du produit est en faveur du second système.

Dans l'appareil continu, il faut que la composition de la solution ammoniacale soit constante ainsi que la teneur des gaz en acide carbonique, autrement si cette dernière, par exemple, est trop faible, une partie, souvent notable, de la solution ammoniacale, n'est pas précipitée ; cette quantité unie aux eaux-mères après la filtration dont elle diminue le titre, est envoyée à la colonne de distillation qui en enlève l'ammoniaque, tandis que l'eau salée, réunie au lait de chaux, est perdue et va au dépôt.

Dans cette méthode, il faut toujours un excès, plus ou moins grand, d'acide carbonique, afin de précipiter tout le sel de la solution ammoniacale. Dans le système à travail intermittent, le courant d'acide carbonique, après avoir traversé celui des appareils dans lequel se termine la précipitation, passe successivement encore dans un ou plusieurs autres appareils semblables, afin d'y abandonner, presque complètement, son acide carbonique. Ici donc on peut laisser se continuer cette action jusqu'à ce que la solution ammoniacale est assez affaiblie et est arrivée à un degré de teneur en ammoniaque en dessous duquel il n'y a plus d'avantage pour la précipitation. L'opération est alors finie. Des analyses qu'on peut renouveler tous les quarts d'heure, vers la fin de l'opération, donneront des indications exactes à ce sujet.

Comme dans l'absorption de l'ammoniaque par la solution salée (dans les absorbeurs), il y a augmentation notable de température à tel point qu'il faut enlever une certaine quantité des calories produites par une disposition particulière d'un réfrigérant — comme nous l'avons indiqué au chapitre de l'absorbeur ; — ici aussi l'absorption de l'acide carbonique formant avec l'ammoniaque d'abord du carbonate d'ammoniaque qui, par un excédent de CO^2, se transforme en bicarbonate d'ammoniaque, et ensuite la double décomposition du chlorure de sodium et du bicarbonate d'ammoniaque pour former le bicarbonate de soude et le chlorhydrate d'ammoniaque, abandonnant une certaine quantité de calories, produiraient, si elles n'étaient combattues par une action réfrigérante extérieure, des troubles dans les opérations, et il en résulterait un produit manqué et inférieur.

Nous avons admis plus haut qu'un kilogr. d'acide carbonique, par l'absorption, abandonne 127 calories. N'interviendrait donc que ce facteur, les calculs seraient faciles à faire pour déterminer la totalité de calories dégagés, et partant de là, il serait aisé de calculer la surface refroidissante et de fixer le degré que l'eau aurait en abandonnant le carbonateur pour avoir une température correspondante intérieure convenable. Mais ici le calcul se complique. L'acide carbonique, dans son passage à travers le compresseur — malgré qu'on cherche à refroidir les parois et les fonds, — arrive, par la compression même, à une certaine température et apporte donc déjà un nombre donné de calories qu'il faudra ajouter à celles produites par son absorption et par la formation du bicarbonate d'ammoniaque.

Le dégagement maximum a lieu au moment de la double décomposition, c'est-à-dire au moment de la précipitation du bicarbonate, et c'est alors qu'il faut combattre cette augmentation de température par une action refroidissante extérieure. A défaut de calcul exact, les observations et la pratique y aidant ont établi le degré le plus favorable, afin d'obtenir la précipitation dans les meilleures conditions de réussite. Car cette température a, non seulement, une grande influence sur la précipitation au point de vue du rendement, mais surtout au point de vue de la qualité du bicarbonate obtenu ; on peut, suivant la température intérieure, produire du bicarbonate léger et mousseux, ou du bicarbonate lourd et bien grainu ; ce dernier se comporte bien à la filtration et la calcination, le premier est difficile à travailler dans les deux cas et donne un produit inférieur.

La disposition du réfrigérant, employé pour l'absorbeur, peut également trouver ici son application ; d'autres dispositions sont possibles et donneront de bons résultats. La pratique surtout sert dans cette période de la fabrication. Une fois la précipitation commencée, il faudra une marche non interrompue des compresseurs jusqu'à la fin de l'opération, sans cela, l'arrivée de l'acide carbonique ainsi que la pression qui l'accompagne étant supprimées, grâce à la différence de densité, le bicarbonate produit se déposera au fond de l'appareil et obstruera les tuyaux d'amenée de gaz ainsi que ceux de vidange des appareils.

Comme le bicarbonate humide est de densité assez grande et par sa nature assez consistant, il forme au fond des appareils une masse compacte que la pression des compresseurs ne parviendra plus à mettre en suspension dans le liquide ; il faut arrêter et vider l'appareil au moyen de pelles — ce qui n'est pas sans causer des pertes considérables d'ammoniaque et de bicarbonate, sans compter que le travail de vidange est fort désagréable pour les ouvriers ; la persistance de la présence de l'ammoniaque empêche ces derniers de séjourner, même un temps relativement court, dans le carbonateur, pour opérer ce travail de l'enlèvement du bicarbonate.

A ces appareils, comme pour les absorbeurs, on applique avec avantage, des niveaux d'eau, des robinets de prise d'échantillon, des manomètres, etc., pour permettre un contrôle facile, à tous les moments, de l'opération qui s'y produit.

Bien des choses seraient encore à indiquer sur cette opération de la carbonatation ; le meilleur maître en cela est la pratique qui seule guidera dans bien des cas.

Quant à la filtration, elle est simple ; il faut un lavage, à l'eau froide, assez énergique, et arriver, par le vide, à sécher assez le bicarbonate pour que son passage dans une centrifuge (essoreuse) ou dans des filtres-presses soit absolument inutile.

La dernière opération que le bicarbonate doit subir est celle de la calcination ou de la transformation, par la chaleur, du bicarbonate en carbonate. Elle mérite toute l'attention de l'industriel ; c'est d'elle que dépend, après la carbonatation, le bon produit qui sera livré au commerce, exempt d'ammoniaque et de bicarbonate et possédant le degré le plus élevé possible, tout en excluant les corps étrangers.

Chaque usine a encore ici son système de fours à calciner : les unes continuent à se servir des anciens fours à réverbère, en briques réfractaires, dans lesquels le travail ne se fait absolument que grâce à la force des bras des hommes ; c'est du plus ou moins grand soin qu'ils mettent dans leur travail que dépend la bonne ou la médiocre qualité du produit ; ces fours sont chauffés par foyer direct ou par le gaz provenant de gazogènes au coke ; les autres usines travaillent avec des fours mécaniques dont la disposition peut varier beaucoup : fours ronds à sole plate avec agitateur tournant et chauffage en dessous et sur tout le pourtour ; fours à cylindres fixes avec mouvement intérieur et chauffage extérieur sur tout le pourtour ; fours tournants avec mouvement de chaîne intérieure qui aide à remuer le bicarbonate et opère l'expulsion du carbonate du cylindre, avec chauffage extérieur également, et d'autres fours encore ou des combinaisons de ces différents systèmes. Avant tout, il faudra chercher à réaliser, comme nous l'avons dit, la récupération totale de l'ammoniaque, à produire une bonne calcination et à utiliser, le plus possible, l'acide carbonique, rendu libre par la décomposition du bicarbonate.

La soude, au sortir de ces appareils, devra être dense, couler difficilement et lourdement et être d'une belle couleur blanche. De certains de ces fours, elle sort en poudre assez fine pour être ainsi livrée au commerce ; d'autres fois, il faut un broyage mécanique pour réduire les morceaux compacts ou les croûtes qui se sont formées.

Comme nous l'avons dit, la production de soude s'élève actuellement, dans notre département, par an, à 125,000 tonnes, et elle tend à augmenter de plus en plus. Les usages principaux auxquels servent ces sels de soude sont : le blanchissage du linge, la fabrication des savons durs, la fabrication du verre, le blanchiment et la teinture, l'épuration des huiles de pétrole, la fabrication de la pâte à papier, la préparation des sulfites, hyposulfites, hypochlorites, etc., la fabrication du bicarbonate de soude pur pour l'eau de seltz, etc., etc.

La soude est surtout connue, dans le petit commerce, sous la forme de « cristaux de soude » dont on fait une consommation considérable ; de même sous la dénomination de « lessives » utilisées dans le blanchissage du linge.

Ordinairement, la fabrication des cristaux de soude fait partie de l'installation générale d'une soudière ; on y utilise de préférence les soudes défectueuses qui ne seraient pas facilement acceptées par le commerce. Le plus souvent, ces fabrications s'installent près des grands centres de consommation des cristaux. Car, leur composition ($NaO\ CO^2 + 10\ Ho$) contient dix équivalents d'eau dont il faudra tenir compte dans le transport à grandes distances. Comme la fabrication des cristaux est très simple, qu'elle n'exige que peu de connaissances et peu d'appareils et d'emplacements, on l'installera facilement dans les environs immédiats des grandes villes, et on évitera ainsi le transport onéreux de l'eau de cristallisation contenue dans les cristaux.

Quant aux lessives, connues sous un grand nombre de dénominations, elles ne sont, simplement, que du carbonate de soude mélangé, le plus souvent, dans certains rapports, avec des corps blancs inertes (craie). L'ensemble, moulé sous forme de pains, imprégné d'une odeur quelconque, reçoit parfois quelques gouttes d'un antiseptique comme l'acide phénique ou autre, ce qui sert à lui donner son nom dans le commerce.

Nous arrêtons là cette étude sur cette industrie très intéressante dont nous n'avons fait qu'indiquer les grandes lignes de la fabrication et que nous estimons être suffisantes pour donner, à nos lecteurs, une idée assez exacte sur l'ensemble d'une industrie dont ils entendent souvent parler dans notre région. Certes, nous n'y avons pas indiqué tous les détails des opérations, des tours de main, les degrés de température nécessaires dans tel ou tel appareil, etc., etc., tout ceci est dans les attributions des chefs de fabrication et constitue le secret de fabrication particulier à chaque installation.

A ce sujet, nous aurions pu encore étudier l'ensemble d'une installation bien comprise, le choix de l'emplacement, le genre de construction, la disposition raisonnée et logique des appareils et des ateliers, les uns par rapport aux autres, le genre de chaudières, de machines, des matières premières, etc., etc. ; mais ceci sort du cadre général que nous nous étions tracé dès le début et que nous ne voulons pas dépasser actuellement.

Nancy, août 1894.

Nancy, impr. Berger-Levrault et Cie.

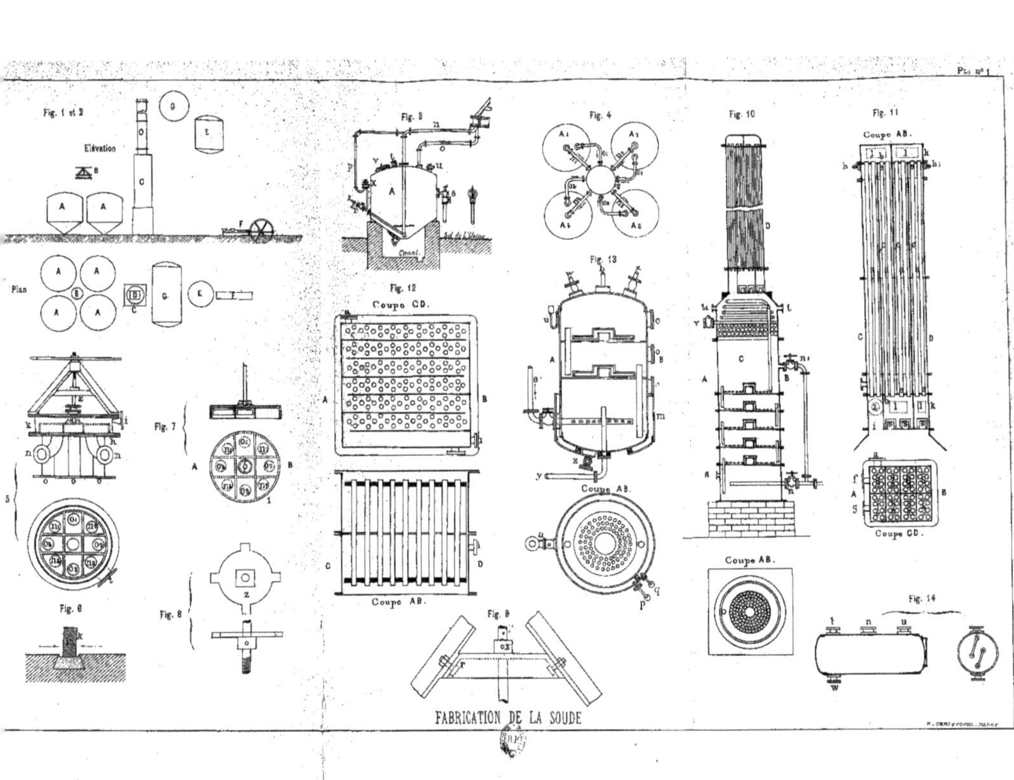
PL. n° 1
Fig. 1 et 2
Élévation
Plan
Fig. 3
Fig. 4
Fig. 10
Fig. 11
Coupe AB.
Fig. 12
Coupe CD.
Fig. 13
Coupe AB.
Coupe AB.
Coupe CD.
Fig. 7
Fig. 6
Fig. 8
Fig. 9
Fig. 14
FABRICATION DE LA SOUDE

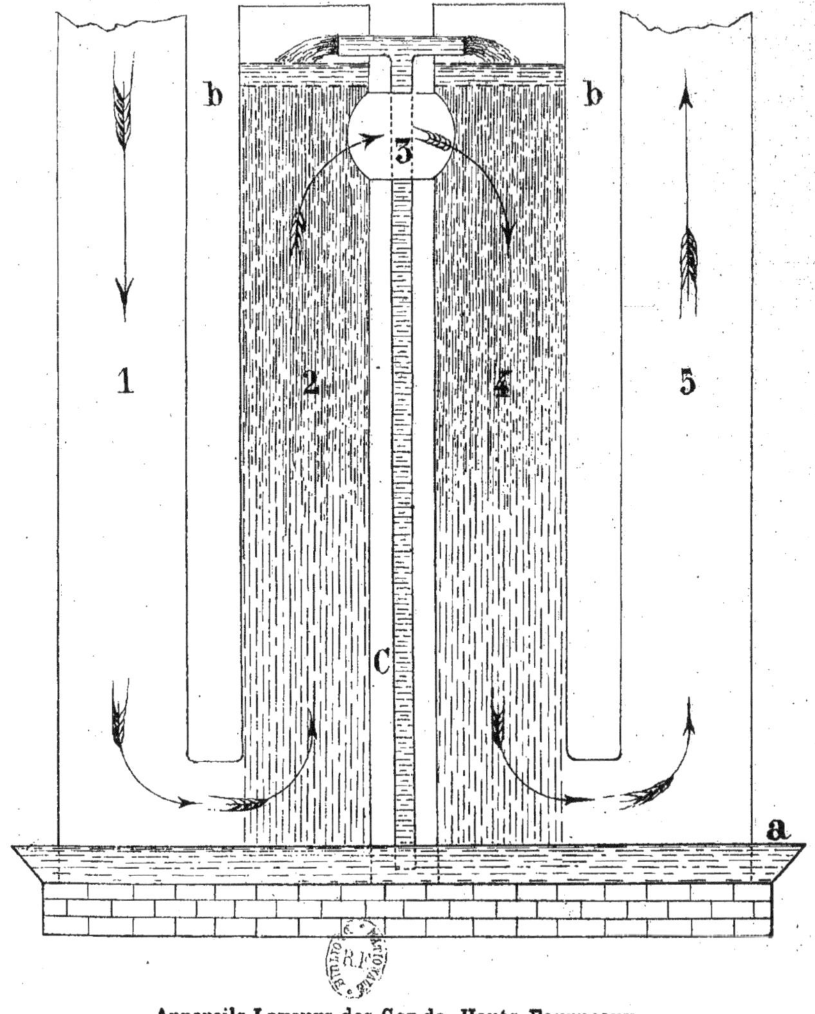

Appareils Laveurs des Gaz de Hauts-Fourneaux

en vue de l'extraction de l'iode et des divers produits secondaires

PL. n° 2

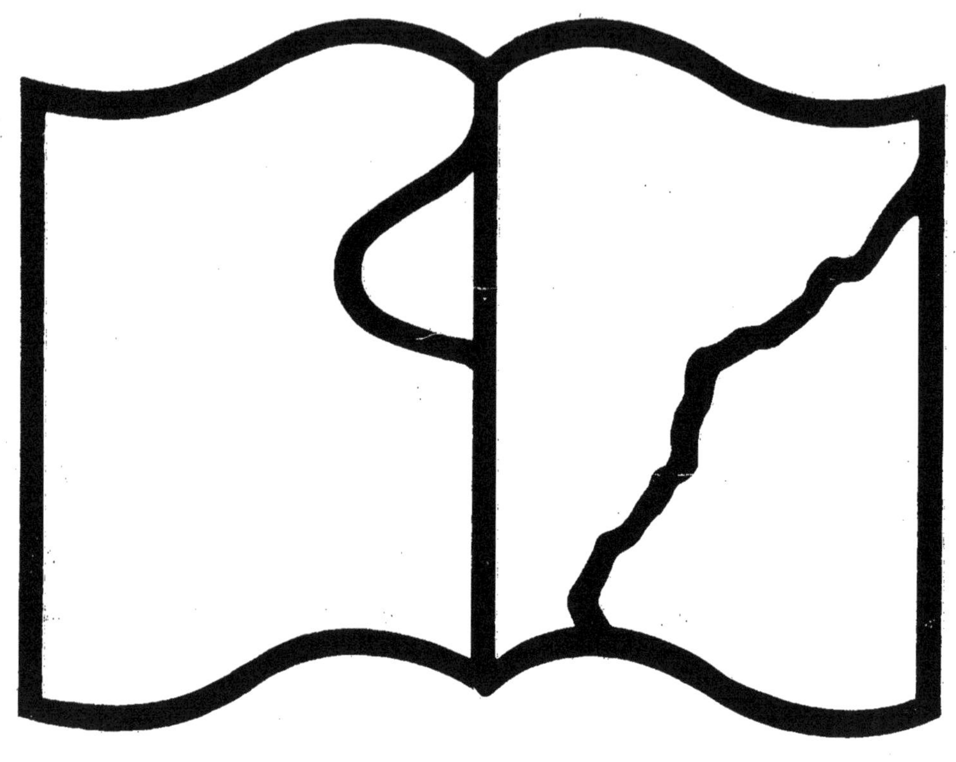

Texte détérioré — reliure défectueuse

NF Z 43-120-11

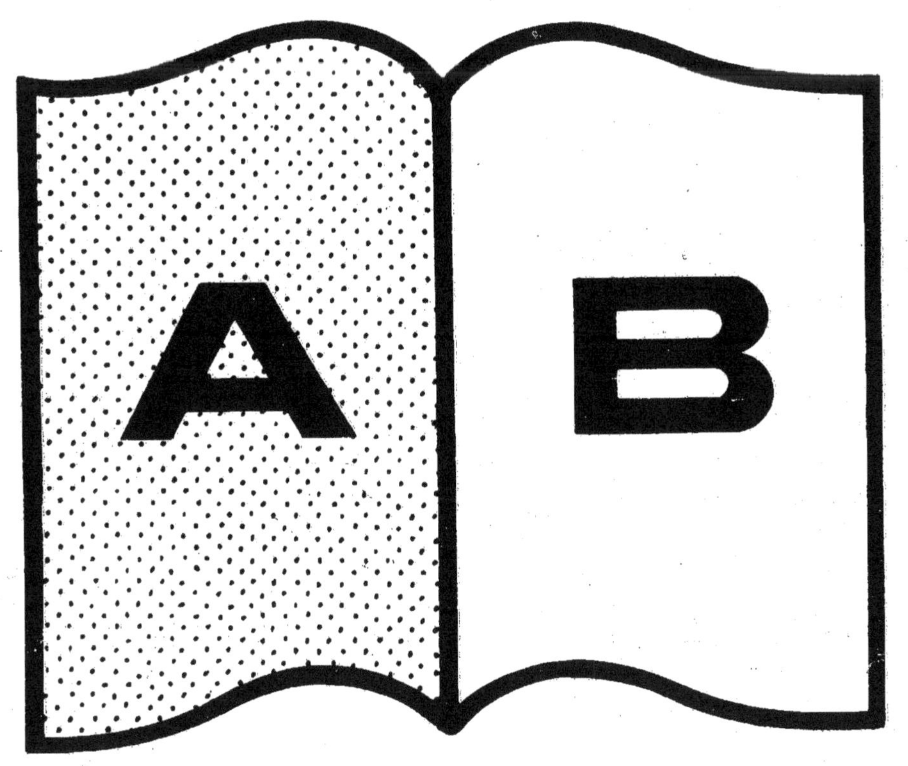

Contraste insuffisant

NF Z 43-120-14

www.ingramcontent.com/pod-product-compliance
Ingram Content Group UK Ltd.
Pitfield, Milton Keynes, MK11 3LW, UK
UKHW020419230726
13925UKWH00004B/1532